听专家田间讲课

果 树
修剪知识与技术

王跃进　著

中国农业出版社

图书在版编目（CIP）数据

果树修剪知识与技术 / 王跃进著 . —北京：中国农业出版社，2016.12（2019.4 重印）
（听专家田间讲课）
ISBN 978 - 7 - 109 - 22309 - 7

Ⅰ.①果… Ⅱ.①王… Ⅲ.①果树-修剪 Ⅳ.①S660.5

中国版本图书馆 CIP 数据核字(2016)第 268417 号

中国农业出版社出版
（北京市朝阳区麦子店街 18 号楼）
（邮政编码 100125）
责任编辑　郭银巧　杨天桥

中国农业出版社印刷厂印刷　　新华书店北京发行所发行
2016 年 12 月第 1 版　　2019 年 4 月北京第 4 次印刷

开本：787mm×960mm　1/32　印张：7.75
字数：130 千字　印数：10 001～13 000 册
定价：24.00 元
（凡本版图书出现印刷、装订错误，请向出版社发行部调换）

本书作者
王跃进

山西农业大学园艺学教授、研究生导师
国家派日留学研究高级访问学者
山西现代农业产业体系岗位专家
中国黄土高原经济林建设特聘专家

实现粮食安全和农业现代化，最终还是要靠农民掌握科学技术的能力和水平。

为了提高我国农民的科技水平和生产技能，结合我国国情和农民的特点，向农民讲解最基本、最实用、最可操作、最适合农民文化程度、最易于农民掌握的种植业科学知识和技术方法，解决农民在生产中遇到的技术难题，我社编辑出版了这套"听专家田间讲课"系列图书。

把课堂从教室搬到田间，不是我们的创造。我们要做的，只是架起专家与农民之间知识和技术传播的桥梁。也许明天会有越来越多的我们的读者走进教室，聆听教授讲课，接受更系统更专业的农业生产知识，但是"田间课堂"所讲授的内容，可能会给你留下些许有用的启示。因为，她更像是一张张贴在村口和地头的明白纸，让你一看就懂，一学就会。

　　本套丛书选取粮食作物、经济作物、蔬菜和果树等作物种类，一本书讲解一种作物。作者站在生产者的角度，结合自己教学、培训和技术推广的实践经验，一方面针对农业生产的现实意义介绍高产栽培技术，另一方面考虑到农民种田收入不高的实际困惑，提出提高生产效益的有效方法。同时，为了便于读者阅读和掌握书中讲解的内容，我们采取了两种出版形式，一种是图文对照的彩图版图书，另一种是以文字为主插图为辅的袖珍版口袋书，力求满足从事种植业生产、蔬菜和果树栽培的广大读者多方面的需求。

　　期待更多的农民朋友走进我们的田间课堂。

2016 年 6 月

目录
MU LU

第二讲 | 整形修剪的原理和依据 / 31

第三讲 | 果树修剪的技术方法 / 50

第八讲 | 桃树整形修剪 / 169

第九讲 | 葡萄树整形修剪 / 186

第十讲 | 枣树整形修剪 / 208

名词概述

一、什么是果树修剪？

果树修剪，通常也叫剪树。剪树的内容包括树冠整形和枝条修剪两个概念。

整形，是根据生产或观赏的需要，通过修剪技术把树冠整成一定的结构与形状。如立体形整枝、平面形整枝、龙干形整枝等。在生产上为了使树体骨架结构分布合理，便于各种栽培管理和充分利用阳光，一般都要进行树冠整形。因此，整形的目的是培养符合优质丰产要求的各种骨干枝，是从幼苗期就开始的。在操作上应根据预定的目标树形结构每年进行连续不断的整枝，直至实现与其株行距密度相适应的成年树定型树冠。一般来说，树冠成形短则需 5～7 年，长则需 8～10 年，甚至更长。

修剪，是对果树具体枝条所采取的各种"外科手术"式的修整和剪截。如短截、疏枝、缓放、回缩、弯曲、造伤等。修剪的目的有时是为了培养骨干枝和结果枝组，有时是为了控制树冠的大小，有时是为了调节树体生长与结果的关系，有时是为了保护树体减少自然灾害与病虫害。为了使幼树能够快速成形结果和大树长期优质丰产，对不断生长过程中的树体应经常进行适时而必要的修剪工作。

二、放任不剪自然生长果树的弊端

果树大多是多年生木本植物，在一生和一年中有许多不同而复杂的变化现象，特别是枝叶和根系营养器官经常处于一种不断更新与衰老、平衡与失衡、协调与失调的动态过程之中，这会影响到整个树体的生长发育进程与质量。

1. 树势不一，高矮不齐 果树若不从小加以合理的整形修剪，让树体自然生长，即使当初栽植的苗木大小一致，几年后其生长速度和势力也会发生较大差异。尤其是意外因素造成衰弱的小树，若不加以适当护理和扶植，必会由于强旺生长的大树抢占有利空间使其不能正常生长发育，最终造成树势强弱不一，树体高矮不齐。

2. 枝条混乱，从属不明 合理的树体结构其枝条配置应该是有大有小，有长有短，分布有序，从属分明，而长期不修剪的树则枝条混生乱长，无主无从，失去从属关系。

3. 枝叶密生，病虫繁多 不加修剪任其自然生长的果树，多数枝叶密生拥挤，难以打药管理，往往成为病虫害最有利的栖居与发源之地。

4. 树冠郁闭，光照不足 果树在自然发展状态下枝条常是直立生长而不开张，形成"抱头形"。外围郁闭，内膛缺光，叶片合成养分能力弱，树体积累营养少，难以成花成果。

5. 内膛空虚，结果外移 树冠长期郁闭所引起的光照不足，必然使内膛叶失去营养合成能力而靠寄生存活。如此长期下去，其枝芽必会因"饥饿"而干死，最终导致树冠内膛光秃无枝，结果部位移向外围（图1左）。

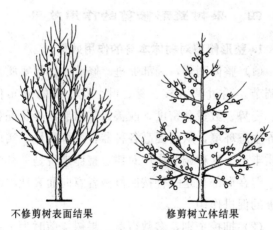

不修剪树表面结果　　　　　　修剪树立体结果

图1　果树修剪与不修剪的结果状况差异

6. 局部失调，整体失衡 自然生长的树，枝条间多为竞争态势而失去协调配合能力。长期下去，会使树冠整体生长发育失去平衡。

7. 结果推迟，产低质劣 放任自然生长的树，由于以上各种矛盾的积累和激化，必然使幼树迟迟不能结果。即使结了果也易发生"大小年"现象，产量不稳，果实大小与质量难合要求。

三、整形修剪在果树生产中的意义

果树经过整形修剪，可克服自然生长造成的各种弊病，其树体骨架结构会趋向合理，从而使不结果的树开始结果，结果差的树多结果和结好果，并便于提高管理工效，降低生产成本（图1右）。

四、果树整形修剪的作用效果

1. 整形修剪对树体本身的作用效果

（1）整体削弱，局部促进　修剪的作用实质上是调节。通过调节枝、芽、叶、花、果的分布位置、姿势、数量和密度，改善树体内部营养状况和外界生态环境，从而提高各种器官发育质量，实现优质丰产。这种调节作用对树冠整体来说是一种削弱，但在局部上是一种按照修剪者意向而表现出的积极的促进作用。

（2）抑控个别，多数得益　果树修剪时为了在整体上取得较好的效果，往往是抑控甚至彻底除掉那些个别的不规则枝条。目的是从营养上尽量减少无效消耗，保证多数规则枝条正常生长发育的需要。这就是"打击一小撮，解放一大片"的修剪原则。

（3）造伤护伤，趋利避害　修剪果树会对枝条造成一定伤害，而在另一些情况下还须对受伤进行保护。这种有意识、有目的地造伤和护伤，都须按需要采用技术，其结果都应趋利避害，保障树体各种器官正常生长发育的节奏与质量。如果盲目修剪致伤，则会损害树体。

2. 整形修剪对果树生产的作用效果

（1）促进结果，提早受益　整形修剪能有效保障果树冠体的正常发展，能促使幼树早成形，早结果，早丰产，使生产者早受益。

（2）培养骨架，提高抗性　整形修剪能为树体培养好骨架结构，增强负载能力，同时提高枝、芽、叶、果等各种器官的发育质量，增强树体适应环境并提高抵抗自然灾害和病虫害的能力。

（3）调节树势，保证丰产　对结果大树用修剪技术平衡树势，理顺结构，调节生长结果关系。同时，保持通风透光，减少无效消耗，增加营养积累，可长期维持树体优质丰产状态。

（4）更新枝条，延缓衰老　对老果树进行适时必要的修剪改造，能有效更新下垂衰弱的骨干枝和结果枝组，使其树势止弱复壮，提高器官质量，从而延长结果寿命和生产效益。

（5）控制树体，利密便管　通过整形修剪可有效控制树冠大小，维持合理群体密度，在保障树冠通风透光条件下，也便于田间管理作业，从而降低生产成本，提高果园经济效益。

五、果树整形修剪的目的目标

果树整形修剪的目的，就是要把树体培养成符合现代园艺生产所要求的树冠结构，使树体在便于管理和减少投工的同时具有较强的结果能力、负载能力和适应抗御不利环境的能力，从而使树体多结果，结好果，延年长寿。其目标是实现树体早产、高产、优产和稳产，并在经济效益上达到低耗高效的经营管理要求。

第一讲
果 树 的 枝

　　枝条是芽子萌发后新梢不断生长的结果，是着生叶、芽、花、果的营养器官。枝条生长不好，会直接影响骨干枝和结果枝组的培养。

一、枝条的类型

　　1. 发育枝和结果枝　发育枝简称叶枝，是指只有叶芽而无花芽的枝条，在当年只发枝长叶而不开花结果，但形态粗壮营养积累多的优质发育枝可当年形成花芽下年结果。发育枝又可分为叶丛枝、营养枝、中间枝、锥形枝、徒长枝和细弱枝等（图2）。结果枝简称果枝，是指长有花芽能开花结果的枝条。果树的叶枝和果枝需按比例配置，叶枝过多而果枝不足时影响树体丰产，果枝过多而叶枝过少时影响树体优产，并导致树势衰弱出现"大小年"。

　　2. 长枝、中枝和短枝　果树枝条的长短分类方法与标准在地区间有所差异，一般有粗分和细分两种。粗分可分为短枝、中枝、长枝三种，细分可分为叶丛枝、短枝、中枝、长枝、旺枝五种。分类标准常因树种不同而异，一般苹果、梨等仁果类果

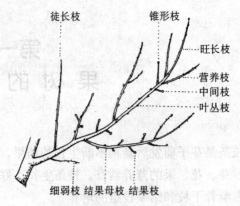

徒长枝　　　　锥形枝
⋯⋯旺长枝
⋯⋯营养枝
⋯⋯中间枝
⋯⋯叶丛枝

细弱枝　结果母枝　结果枝

图 2　果树的发育枝和结果枝（苹果）

树，叶丛枝小于 0.5 厘米，短枝 0.5～5.0 厘米，中枝 5～15 厘米，长枝 15～30 厘米；旺枝大于 30 厘米。桃、杏等核果类果树则分别为小于 1 厘米，1～15 厘米，15～30 厘米，30～60 厘米，大于 60 厘米。还有的只分为长枝和中短枝两大类，长枝一般 15 厘米以上，中短枝 15 厘米以下。枝条的长短分类在整形修剪上意义很大。总的说，中、短枝容易成花结果，是培养结果枝的基础；而长枝不易成花结果，但是培养树冠骨干枝的基础，与树体扩大、负重和抗性密切相关。

枝条的长短分类是人为从整形修剪的角度进行的大致分类，在实际应用中无须死扣标准，做到心中有数而不教条，定性要准，定量要活。

3. 新梢和枝条　新梢是指生长不足一年还正在生长发育未完成木质化的当年生绿色带叶嫩枝。

新梢可分为主梢和副梢。主梢是由冬芽在春季萌发后形成，副梢是由各种新梢叶腋内当年所生新芽萌发而形成的下一级嫩梢。根据分生级次不同，副梢还可分为一次副梢、二次副梢、三次副梢等；枝条是指生长了一年以上已完全木质化了的成熟枝条。根据成枝年龄，可分为一年生枝、二年生枝和多年生枝三类。多数果树新梢当年难以成花结果。枝条年龄越大，抽生新梢能力越弱，但很容易成花。然而，老枝成花容易坐果难，且结果质量较差。

4. 春梢、夏梢和秋梢 春梢是指在春季生长前期所形成的枝段。一般在早期封顶的中短枝和长枝中下部为春梢。其特点是芽子充实饱满，皮色深、光滑，成熟早，发育好，营养积累多，落叶后木质化程度高，能完全越冬，剪截后也易发枝。因而春梢是修剪中应重点留用的枝条。夏梢是指长梢中上部在夏季生长中期形成的枝段。夏梢发育质量也较好，其成熟度与木质化程度虽不如春梢，但比秋梢好。芽子比较充实饱满，剪截后也易萌发新梢，所以在修剪上可以留用。秋梢是指长梢中上部在秋季生长后期所形成的枝段。秋梢发育质量不如春梢和夏梢，芽子秕，茸毛多，成熟晚，木质化程度低，内含营养少，表皮保护组织不发达，易发生冻害和抽条，安全越冬困难，剪截后发梢质量较差。所以，为了树体无效消耗提高发育质量和越冬抗逆能力，应尽量减少秋梢发生与生长。当然，少数好秋梢也可用于后期营养积累。

多数落叶果树的枝梢主要是由春梢组成，夏梢和秋梢的发生与所占比例常因果树种类不同而异。桃、葡萄等果树，春、夏、秋梢均有；梨树等果树，有春、夏梢，秋梢很少；苹果等果树主要由春、秋梢组成，夏梢不明显。副梢一般为夏、秋梢，在无副梢的主梢上，春、夏梢或春、秋梢之间多数有明显的生长界限。因为这段时期是处于新梢缓慢生长期，所形成的枝段节间很小，只有芽位而无明显的芽体，在此处剪截不能发枝，因而称为盲节或轮痕。

5. 骨干枝、辅养枝和结果枝组 骨干枝是指在树体中起骨架负载作用的粗大枝干，包括主干、中心干、主枝、侧枝等。培养骨干枝是幼树整形的主要任务。辅养枝是指在大型骨干枝上较大空间处起辅养树体作用的多年生枝条。辅养枝在幼树整形期间对骨干枝具有护养作用，在树体成形和结果后则逐步转化为大中型结果枝组。结果枝组简称枝组，是指分布在各级骨干枝上在树体中直接承担开花结果的一组枝群，是果树生产的基本单位。

二、枝条的特性

1. 生长极性和生长优势 生长极性是指枝梢由于体内生长激素不平衡使其只能朝某一方向延伸的特性。枝梢和根系都有只向其形态顶端延伸的生长极性。生长优势是指枝芽由于所处位置、姿势和生长极性等的优越性，从而使其在萌芽长梢方面比其他枝芽具有明显优势的现象。生长优势在枝条上的表现主要是顶端优势和直立优势。顶端优势是指处于顶端位置的枝芽优先萌发生长的现象。直立优势是指处于直立状态的枝芽优先萌发生长的现象。

2. 干性和层性　干性是指果树自行维持其中心轴枝优势生长的特性。中心轴枝生长强而持久的称为干性强，反之称干性弱。干性与顶端优势有一定联系，一般顶端优势明显的干性强，反之干性弱。干性强的果树多选用有中心干的圆锥形树形，干性弱的多选用无中心干的开心形树形。层性是指果树枝条在树冠中成层着生分布的特性。层性与顶端优势、萌芽率、成枝力和树龄有关。一般顶端优势强，萌芽率低、成枝力强，树龄年轻时，层性比较明显。否则，层性不明显。树冠整形时让骨干枝成层分布，有利于改善树冠内膛通风透光条件。

3. 硬度与尖削度　枝条软硬程度常因果树种类与品种不同而异，果树在骨干枝开角整枝时需考虑枝条硬度。一般说枝条越硬其开角可大些，反之可稍小些。尖削度是指果树枝条上下部粗细差异的程度，常受枝条分枝量影响，主要对枝条负载力和延长头生长势产生作用。一般说，枝条分枝多，尖削度大，耐负载，但延长头生长势会变弱。否则相反。

三、枝条内部结构

枝条内部结构包括树皮、木质部和形成层三个部分。树皮中韧皮部的筛管是接收下运叶片输送来的有机养分，供根系生长所用。木质部的导管与下部根系中的导管相连通，接收由根系吸收上来的土壤养分和水分，供其叶片有机养分合成和其他器官生长所用。形成层是处于树皮与木质部之间的分生组织，不断分别向内向外分化新的木质部和韧皮部，从而维持其枝条正常加粗生长和树体上下营养物质交流。

四、枝条质量辨别

1. 枝条粗细与软硬　同株树上同样长度的枝条越粗、越硬，说明发育质量越好。相反，细而软的枝条说明缺乏营养，发育质量较差。

2. 枝条外表与皮色　枝条表皮光滑无毛，颜色较深，且秋后落叶干净利落，说明木质化程度高，发育质量好，抗寒抗旱，越冬性强。反之，枝条表皮粗糙、多毛，颜色淡浅，且秋后叶片仍不脱落而干死在枝条上，说明发育不够充实，成熟度低，抗逆性弱，越冬性差。

3. 枝条上叶片与芽体　生长期枝梢上的叶片

越厚且浓绿，说明其枝质量越好；休眠期枝条上的芽体越大、越饱满，说明枝条营养物质越丰富，发育质量越好。反之，叶片薄而色浅，芽子小而秕，则枝条发育质量差。

4. 枝条春秋梢比例　落叶果树的枝条，春梢比例大而秋梢比例小，且能及时停止生长形成顶芽，说明发育成熟，营养积累多，质量好。反之，春梢比例小而秋梢比例大，迟迟不能停止生长，甚至难以形成顶芽，说明营养消耗多，积累少，发育不充分，质量较差。

另外，有些果树的枝条还要看其节间长短和圆周形状。一般说，节间短，形状圆，表明枝条发育质量好。反之，节间长，形状扁，表明枝条质量差。如葡萄的枝蔓。

五、果树的枝干和枝组

乔木果树地上部包括主干和树冠两部分。从地面向上到第一个侧生大枝之间的树干，称为主干。主干以上枝干和枝条的总体称为树冠。树冠中起骨架作用的多年生永久性枝干称为骨干枝。在树冠中心直立骨干枝中部的宽余空间暂时留用辅养树体的中大型多年生非骨干枝称为辅养枝。分布于各种骨干枝上发生于同一枝轴上的结果枝群，称为结果枝组。骨干枝先端一年生枝称为延长枝或延长头。各种骨干枝排列情况称树体结构，树冠外形称树形（图3）。

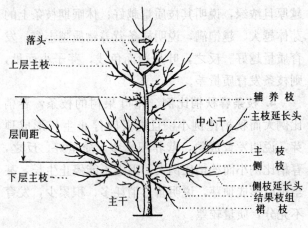

落头
上层主枝
辅养枝
中心干
主枝延长头
层间距
主枝
侧枝
下层主枝
侧枝延长头
结果枝组
主干
裙枝

图3 果树的枝干和枝组

六、骨干枝种类和分布

骨干枝又叫枝干，是树冠的骨架结构，决定着树冠的大小与形状。主要作用是支持枝、叶、果和输送养分、水分，从而直接影响树体的结果能力和寿命。因此，在幼树期就应注意培养好结构合理的骨干枝。果树上完整的骨干枝可分为以下几个级次（图3）。

（一）主干

主干是整个树冠的负重部分和连接根系的营养渠道。主干的高低决定树冠的大小，也影响果树各种管理的作业难易。一般说，主干高时树冠较小，地面土肥水管理方便，但树冠管理不太方便。主干低时树冠较大，地面管理稍有不便，但树冠管理比较方便。从生产上来说，主干的高度应根据树性、树形和综合管理的要求来确定。一般单作果园中，主干的高度以 40～60 厘米为宜，乔化果树可稍高，矮化果树可稍低。间作果园中，主干的高度以 100～150 厘米为宜。主干不是树冠的真正组成部分，但对树冠的生长与结果影响很大，因此果树幼龄期定干整形工作应高度重视。

（二）中心干

中心干是主干在树冠中心向上直伸的延长部分，是树冠中最大的第一级中心骨干枝。由于中心干处于树冠中央，对整个树冠的高低与大小起着决定性的领导作用，所以又称中央领导干。中心干延伸有直线式和弯曲式两种形式。一般干性强容易形成上强下弱的树种与品种多采用弯曲式，以缓和长势，促进成花成果，控制树冠狂长和结果部位外移。干性弱容易形成下强上弱的树种与品种多采用直线延伸，以保证树冠正常生长和结果，防止树势早衰。中心干的长短主要是根据目标树形的高度来控制的。树高一般应为栽植行距的 80% 左右，超过要求的高度后就应该对中心干进行落头。落头时，多数是落在最上一个主枝的基部分叉处，而且主枝的对侧最好有一个根枝，这样有利于落头伤口愈合（图 7）。

（三）主枝

主枝是直接着生在中心干上的第二级骨干枝。

从下向上依次排列，分别叫做第一主枝、第二主枝、第三主枝等。如果主枝分布是成层设计的，由下向上依次称为第一层主枝、第二层主枝、第三层主枝等。

1. 分布形式　主枝在中心干上的分布形式，可从以下三个方面进行不同的设置。

（1）垂直分层与不分层　果树多数是喜光树种，为了保证树冠内膛通风透光，主枝在中心干上最好是成层分布。每层主枝数最多不超过三个，在层间应尽量留用辅养枝。层间距一般保持90～110厘米，乔化树可大些，矮化树可小些。也有的树形不要求分层，而要求主枝在中心干上螺旋式疏散排列。但这种形式由于各主枝之间没有宽余空间，其辅养枝应较少较小（图4）。

（2）平面错位与不错位　考虑到果树的喜光性特点，为了保证树冠下部接受光照满足其开花结果的要求，一般立体树形的上下层主枝在平面上的分布是互相错位的，不能重叠。而篱壁式平面树形由于树冠的叶幕明显变薄，其上下层主枝可以相互重叠，但要求层间距适当加大，以使遮光现象达到最低限度（图8）。

（3）基部邻接与邻近　基部各主枝在中心干上的配置方式有邻接和邻近两种。邻接指的是相邻两主枝的间距较小，一般在10厘米以内，经多年加粗后几个主枝如同轮生相接。这种形式主要适用于干性强的品种，而干性弱的品种实行邻接后，主枝

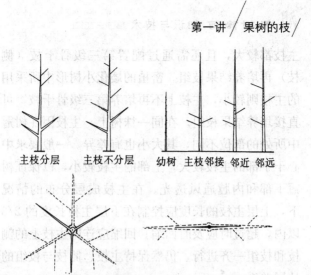

主枝分层　　　主枝不分层　　　幼树　主枝邻接　邻近　邻远

上下主枝错开（主干形顶视图）　上下主枝重叠（扇形树顶视图）

图 4　主枝的分布形式

不仅与中心干结合不牢固，影响树体的负载力，并且容易削弱中心干的生长势，造成下强上弱的"掐脖"现象。邻近指的是相邻两主枝的间距保持较远，一般多在 15 厘米左右。这种形式常用于干性弱的品种，而干性强的品种采用后树体在将来容易发生"上强下弱"现象。相邻两主枝的间距如果超过 20 厘米，可称为邻远。这种形式在矮化密植园中用得很少，而且只能用于干性极弱的品种，干性强的品种采用后"上强下弱"现象更严重（图 4）。

2. 主枝大小　主枝的大小常因树形与所在部位的不同而异。一般稀植的乔化大树形中所采用的主枝都较大，且还需通过配置第三级骨干枝（侧枝）再培养结果枝组。密植的矮化小树形中所采用的主枝则较小，主枝上不再培养第三级骨干枝，可直接培养结果枝组。在同一株树上，主枝因在树冠中所处的部位不同，其大小也有差异。一般要求中心干下部的主枝较大，上部的主枝较小，以保证树冠下部和内膛通风透光。在主枝成层分布的情况下，上层主枝的长度应控制在下层主枝长度的 2/3以内，超过时应及时回缩。回缩应连同主枝上的侧枝和枝组一齐进行，仍然保持主枝、侧枝与枝组的从属关系。

3. 主枝数目 主枝是果树多数丰产树形中所应具有的永久性骨干枝，承担着树体的主要产量。适当增加主枝数，有利于增强树势和充分利用空间实现立体结果，而且个别主枝损伤后对整个树体生长和结果影响较小。但主枝数过多，互相遮光现象较严重，容易造成结果部位外移，使内膛无效区增大，反而影响立体结果。所以，原则上在能够布满空间的前提下，主枝越少越好。主枝的具体数目要根据树性、树形和主枝大小而定。从树体特性上说，发枝力弱的树种和品种，其主枝应适当多些；反之，发枝强的树种与品种，其主枝应适当少些。从树形上说，稀植的乔化大树形，其主枝可适当多些；反之，密植的矮化小树形其主枝可适当少些。从主枝的大小来说，主枝小而且其上不再培养侧枝时，主枝数应适当多些；反之，主枝大而其上还要培养侧枝时，主枝数可适当少些。综合考虑树性、树形和主枝大小等方面的因素，一般情况下发枝力弱的果树以采用无侧枝的小树形为好，全树可培养10～12个小主枝。发枝力强的果树以采用有侧枝的大树形为好，全树的主枝数不得超过6个，而且最好在中心干上分两层配置，每层3个。

4. 开张角度　指主枝与中心干之间的分枝角度。主枝角度对树体生长强弱和结果早晚影响很大，是树冠整形中重要的技术环节。如角度过小，则枝条直立旺长，树冠郁闭，光照不良，操作不便，枝条难以成花结果，早期产量低，容易形成上强下弱和结果部外移，且多数与中心干之间形成夹皮层，结构不牢固，容易劈裂，负重力小。若角度过大，虽利于早期成花结果，但树势衰弱较快，结果寿命短。主枝角度应包括基角、腰角和梢角三个不同部位的角度，一般基角为 40°～60°，腰角为 60°～80°，梢角 30°～50°。所以，主枝的腰角要大，基角适中，梢角要小（图5）。

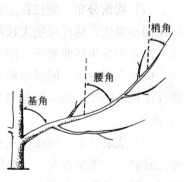

图5　主枝的开张角

5. 延伸形式 主枝的延伸分曲线和直线两种形式。一般在前、中期为小弯曲延伸，要求每年在延长头中部饱满芽处短截，将剪口芽留向外侧。有些剪口芽枝角度小，不易自然开张，且容易发生扭曲的品种，可用里芽外蹬或双芽外蹬的方法开张角度（见第三讲"基本修剪方法"）。对已成形处于后期的果树，主枝延长头可不再剪截或轻度剪截，采取直线延长，以保证较强长势。

（四）侧枝

侧枝又叫副主枝，是指着生在主枝上直接分生和领导结果枝组的第三级骨干枝。侧枝从下向上依次称为第一侧枝、第二侧枝、第三侧枝等。

1. 分布形式 侧枝在主枝上的分布应根据整形修剪原理，按序定位，有计划进行培养。做到均衡、有序和成层分布（图5、图3）。

（1）均衡分布 侧枝在主枝上的分布应是左右均衡而不对生，这样可使主枝在结果负重后保持斜立平衡，不发生扭曲变形（图5、图4）。

（2）有序分布 同层主枝上的同序位侧枝应保持在主枝的同侧方向，以避免互相交叉和干扰（图4、图3）。

（3）成层分布 侧枝在主枝上成层分布对通风透光有利。一般是以左右两个侧枝为一层，从主枝基部开始，由下向上培养1～2层，逐层减小侧枝的大小和距离。但要注意第一侧枝不能距主干过近，过近时容易形成"把门侧",不仅影响光照进入,而且会使主干基部过度加粗,削弱中心干生长,破坏主枝与中心干的从属关系。侧枝也常有不成层分布,但要注意下大上小,不影响光线射入(图5)。

2. 延伸方向 侧枝延伸应在主枝两侧向稍低于主枝的背下平斜方向朝外生长,不能与主枝相同高度、相同方向地平行竞争发展,从而保证主枝领导侧枝的从属关系(图5、图3)。侧枝在早期培养时每年和主枝一样,应在延长头中部饱满芽处短截,剪口芽留在外侧。

3. 侧枝数目 侧枝是多数果树中不可缺少的骨干枝,主要作用是直接分生各种结果枝组。适当增多侧枝有利于树冠立体结果,但侧枝过多影响树冠通风透光。所以,在布满空间的前提下,侧枝越少越好。具体数量应根据树性与目标树形的大小而定,一般2~4个即可。萌芽力弱的果树和乔化大冠树侧枝宜多,萌枝力强的果树和矮化小冠树侧枝宜少。也有些树形中不要求培养侧枝,但要注意培养好大、中型结果枝组。

七、辅养枝种类和分布

辅养枝是指幼树整形期间在骨干枝层间和其他宽余空间暂时留用的中大型非骨干枝。这种枝一般分枝较多,叶面积较大,在树体结果前主要起辅养枝干与树体的作用,在结果后就自然转化为结果枝组。中心干上层间距较大时，可长期留用辅养树体和结果（图3）。

1. 短期辅养枝 短期辅养枝是指生长空间比较小，经几年发展后容易干扰骨干枝生长，因而在结果后不久则需逐渐回缩去除的辅养枝。它们主要分布在各种骨干枝的基部、层内和上部。其中，着生在下层主枝基部而向地面下垂生长的叫裙枝。这些辅养枝在结果初期对骨干枝生长影响不大，可充分利用其结果。但随着树冠不断扩大，容易与临近的骨干枝发生交叉而形成密乱枝，不利于树体管理和通风透光。因此，这种情况下应对其及时加以控制、回缩，直到彻底去除。比如，树冠下部的裙枝连续结果后容易下垂衰弱，而且影响主干和地面管理，这时应适当控制回缩，提高离地位置。

2. 长期辅养枝 长期辅养枝是指生长空间较大，对附近骨干枝发展影响较小，在结果后仍可继续长期留用的生产性辅养枝。它们主要分布在骨干枝的层间、对侧和弯曲处的外侧。这些辅养枝一般分枝较多，体积较大，是前期辅养后期结果的重要转换性枝条。当然，这种永久性的辅养结果枝必须与长久性的骨干枝相区别，当与骨干枝及其他结果枝组相交叉，其自身生长空间不允许再发展的情况下，应及时适当回缩控制。比如，中心干上第一层与第二层主枝间的大型辅养枝，只要不影响骨干枝发展和冠内光照，就可永久留用结果。

八、 结果枝组种类和分布

结果枝组简称枝组，是指着生于同一母枝分布在各种骨干枝上的结果枝群，是果树营养合成交流、生长发育和开花结果的基本单位。结果枝组像是一个生产小组，同时具有结果枝、成花枝和发育枝三种分工合作轮流结果的生产梯队。所以，培养、修剪和管理好结果枝组，是取得树体优质高产与稳产的重要基础。

（一）结果枝组的分枝组型

组型是指枝组的分枝形式，与其生长和结果特性有直接关系（图6）。

1. 单轴延伸型枝组 此组型是因枝条多年连续甩放不剪而形成的。整个枝组每年只有顶芽萌发长枝向前单轴延伸，而侧芽仅萌发形成中短枝成花结果。因此，没有明显的分枝延伸，形似"狐尾"。这种组型的枝组其生长势力比较缓和，容易成花结果，一般在幼旺树上培养较多。但这种枝组的弱点是在没有架材设施的情况下，结果后容易下垂衰弱，结果部位外移快，果实质量不稳定，中途落果多，这时应适当回缩改造，促进后部发枝结果（图10上）。

2. 多轴延伸型枝组 此种组型多是采用先截后放的方法培养而成。特点是分枝较多，结构牢固，姿势稳定，结果时间可能稍晚，但坐果可靠、果实质量好，而且生长势比较稳定，衰弱慢，利于

单轴延伸型

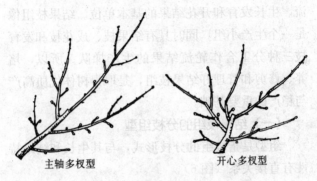

主轴多权型　　　　　　开心多权型

多轴延伸型

图 6　结果枝组的分枝组型

立体结果和长期结果，所以多用于结果大树的枝组培养。但这种枝组若分枝过多而且过于集中时，则容易引起光照不良和养分运输困难，从而影响其结果质量和生长势。这时应适当疏除密枝，改善光照和养分输运条件，以维持枝组的正常结果和生长。多轴延伸型枝组根据有无中心主轴，又可分为主轴多权型和开心多权型两种组型（图 6）。

（1）主轴多权型枝组　枝组具有中心主轴，形似"火锅"，主要用于幼树的前期结果。但这种枝组处于骨干枝的背上时，若控制不当容易形成"树上长树"，影响树冠光照。所以，对处于结果中后期的大老树，这种枝组应及时落头开心，改造成开心型枝组。

（2）开心多杈型枝组 枝组内无中心主轴，不再向高和长的方向延伸，侧生的枝组分别向四周发展，形似"饭碗"。这种组型光照较好，多用于中、后期结果大树上的枝组培养。

可见，组型对结果枝组生长结果有较大影响，在修剪时应根据树种、品种和树龄枝龄的生长发育特性，采用最适合的组型。但应注意的是，任何类型与时期的果树都不可在全树都采用某种单一组型，而最好是以某种组型为主，适当配合其他组型。

（二）结果枝组的大小分类

为便于结果枝组的修剪管理，可把其按大小分成小、中、大三种类型（图7）。

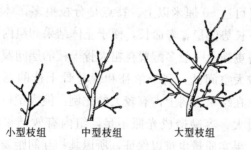

小型枝组　　中型枝组　　　　大型枝组

图 7　结果枝组的大小

1. 小型枝组 一般有 2～5 个分枝，所占空间直径约在 20 厘米范围内。其特点是体积小，易培养，成花结果早，在幼树上配置较多。但这种枝组生长弱，寿命短，结果不稳，组内轮替更新较难，所以应注意枝组之间的轮替结果。大树上的小型枝组主要分布在侧枝和大、中型枝组之间的空间,其相互间距应保持 20~30 厘米,同侧同向枝组的相隔间距应保持在 40 厘米左右。

2. 中型枝组 有 5~15 个分枝,所占空间直径 20~50 厘米。特点是分枝较多,体积较大,长势中庸,有效结果枝多,坐果可靠,产量较稳,寿命较长,组内轮替更新较容易,是盛果期树的主要枝组,可担负树体总产量一半左右。中型枝组主要分布在中心干、主枝中上部和侧枝中下部,其相互间距应保持 30~40 厘米,同侧同向枝组的间距保持 50 厘米左右。

3. 大型枝组 有 15 个以上分枝,所占空间的直径可达 50 厘米以上。特点是分枝更多,体积更大,长势健稳,寿命长,便于立体结果和组内果枝轮替更新。一般多配置在粗大骨干枝的层间及下部的较大空间处,利于填补和代替骨干枝的意外损伤,在结果大树上占有较大的比例。但大型枝组过多过大,容易造成光照不足,组内有效结果枝减少,果实质量也难以保证,所以其相互间距要保持 40~50 厘米,同侧同向枝组的间距应保持 60 厘米以上。对大型枝组还要注意及时控制、回缩和更新,通过改善光照条件提高有效结果枝比例。

实际上,各种果树结果枝组的大、中、小类型均不可单一培养,都应同时具备,交错配置。需要注意的是，应针对不同年龄的树体特点处理好这三者之间的比例关系。

（三）结果枝组的总体分布

要使树体多结果、结好果，取得长期丰产，就必须让众多的各种结果枝组在树冠中分布得合理有序，使它们在各自的有序空间有条不紊地进行高效率生产。这就是利用整形修剪技术，在幼树整形期就要有计划、按比例培养好各种类型结果枝组的原因。配置原则是要考虑骨干枝负载能力和冠内通风透光条件，重视枝组在大小、密度和方向上的设计、安排和调节，在空间上处理好它们各自之间的关系。具体说，在不同骨干枝间，应做到大枝干上大枝组，小枝干上小枝组，长枝干上多枝组，短枝干上少枝组。在同一骨干枝上，应做到外稀内密，上小下大，两侧斜生为主，背上背下为辅。而且做到你左我右，你前我后，你长我短，你高我低，相邻错位，都能见光。在树冠总体上，应做到密而不挤，多而不乱，有序有位，互不干扰，紧凑活泼，易控可调，整体均衡，局部高效。枝组的着生位置和生长方向，应根据所在骨干枝的开张角度和姿势长势来决定。一般所在骨干枝开角较小、姿势斜立、长势强旺时，枝组的培养应以两侧和背下斜生为主。当所在骨干枝开角较大，姿势平展、长势较弱时，枝组培养应以两侧和背上斜生的为主。无论何种配置方式，结果枝组的位置、高度和长势均不得超过所在骨干枝的延长头（图8、图3）。

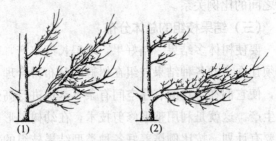

图8　骨干枝的开张角度与枝组的配置

（1）主、侧枝角小时，枝组应以两侧和背下斜生为主

（2）主、侧枝角大时，枝组应以两侧和背上斜生为主

九、骨干枝、辅养枝与结果枝组之间的关系

（一）骨干枝与辅养枝、结果枝组之间的关系

骨干枝是树冠的主体骨架，而辅养枝和结果枝组是非骨干枝部分，二者是"骨头"与"肉"、领导与被领导的主从关系，其性质与作用不能混为一谈。在修剪上，二者发生交叉互相干扰时，辅养枝和结果枝组必须给骨干枝让路。然而，三者之间也并不是绝对孤立和对立，而是互相联系和影响，在一定条件下还可相互转化。比如，骨干枝中运输养分水分的通道若发生问题，会直接影响结果枝组生长和结果。同理，结果枝组负载量过大，也会造成骨干枝生长势衰弱和下垂。骨干枝若意外发生折断，附近的辅养枝和大枝组可尽快向此发展，逐步

取而代之恢复树体原来的平衡。从而使损失的枝条得以弥补，留下的空间重新利用。

（二）骨干枝与骨干枝的关系

1. 同级骨干枝之间的关系 同级骨干枝是指同名、同等次的骨干枝，它们之间如同平辈兄弟姐妹，是一种平等互利与独立合作的关系。同级骨干枝在生长发育和结果负载方面的基本要求是相互均衡。例如，疏层形和火锅形的树体结构，要求基部第一层三大主枝在生长势和结果量方面保持相互平衡。对发生不平衡的偏势生长，就要通过修剪措施进行压强扶弱，做些适当的平衡性调整。侧枝之间也是如此，要想保持主枝在结果后不发生扭曲和变形，就必须使侧枝在主枝两侧分布得尽可能匀称平衡。

2. 不同级骨干枝之间的关系 不同级骨干枝是指主干、中心干、主枝和侧枝等具有明显从属关系和不同大小的各级骨干枝。它们之间是"大骨头"与"小骨头"、大领导与小领导的上下级关系。这些不同等级的大、小骨干枝在树冠中的排列和分布是有序有位的，是按照树冠的整形计划从幼树开始逐渐培养而成的，它们在生长发育方面始终保持着按序排位，逐级领导的从属关系，决不能没大没小，主次不分，而去乱抢空间。只是在一些特殊情况下，才可适当灵活做些相互转代。比如，放任树改造修剪中"以侧代主"和"以主代侧"的用法（图9）。

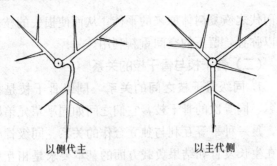

以侧代主　　　　　　　　　　以主代侧

图 9　主枝和侧枝的转代

（三）辅养枝与结果枝组的关系

辅养枝是果树结果前的大型非骨干枝，结果枝组是果树结果后的非骨干枝。其实二者并没有实质差别。幼树的很多辅养枝就是以后成年树结果枝组的前身。尤其是结果初期的树，最早成花结果的枝组大多是辅养枝转化而来的。所以，辅养枝在幼树前期主要是辅养树体，在后期就可用来结果。同样道理，结果枝组若结果少，养分积累多，也可边结果边辅养树体。因此，辅养枝和结果枝组只有称呼上的区别，并没有利用上的区别。如果非要说差别，那就是辅养枝是一种可以辅养保护骨干枝的大型结果枝组。

第二讲
整形修剪的原理和依据

一、整形修剪的原理

整形修剪对果树生长发育和开花结果的作用原理，一是控制，二是调节，三是改造。控制的实质是维持各种平衡，调节的实质是改善各种关系，改造的实质是更新复壮老弱枝条。

1. 维持平衡

（1）维持树冠与根系的平衡　地上部树冠与地下部根系是一种营养上的相互供求关系，它们之间总是保持着一定的相对平衡。然而，果树的一生有时要被迫接受大自然中某些不利环境条件的考验。树冠或根系任何一方遭害受损，都会削弱另一方的正常生长。所以，通过修剪维持一定的根冠平衡（根冠比）是必要的。特别是要注意在修剪时不要人为地过度打破这种平衡。实践证明，多年长期不剪的放任树若一次修剪过重，树体则易发生冒条反而更难成花结果，其道理就在于此。

（2）维持生长与结果的平衡　果树生长与结果是对立统一的关系，既有相互利用的一面，也有相互影响的一面。果树在任其自然发展时，枝、叶、花、果的形成与发育常会发生一些不协调的矛盾，这就是树体生长与结果不平衡的表现。具有这种现象的果树，其生长和结果都不好。比如，幼旺树生长过盛，难以成花结果；大老树花果过多，容易引起树势衰弱和出现"大小年"现象，等等。所以，在果树的一年和一生发育中，需要经常通过调整枝条角度和疏花疏果等修剪措施，维持这种营养生长和生殖生长之间的平衡关系。

（3）维持树势与枝势的平衡　树势与枝势分别是指树冠总体与枝干局部的生长势头。在生长上符合要求的树体，其长势应是中庸偏强而且均衡，达到这一要求的关键是维持各种骨干枝之间的平衡生长关系。特别是同级骨干枝之间反映在枝干长度与粗度上的生长强度应当近似一致。所以，修剪上经常通过利用枝芽的极性优势、异质性特点和造伤效应等技术手段，"抑强扶弱，合理促控"。达到维持树势与枝势基本平衡的目的。

2. 改善关系

（1）改善果树与环境的关系　常言道，"果树无肥不长树，枝芽无光不结果""打开水路枝叶茂，打开光路花果香"。果树环境中的光、水、气都是叶片光合作用制造有机养分的必需原料，进而影响花芽的形成和果实的发育与着色。所以，经常通过修剪来保持树冠的通风透光条件是非常重要的。

（2）改善树体内部的营养分配与利用的关系

果树无论通过根系从土壤中吸收的无机养分和水分，还是由叶片光合作用制造的有机养分，都不可能同时满足枝、叶、果等众多器官一齐生长发育的需要，而是首先保证供应符合目前发展节奏的生长发育中心。然而，也常有不利因素造成非生长发育中心对此产生干扰和竞争。这种情况下就需要通过修剪的手段来进行局部调控，以保证多种器官在生长发育上的按时性、次序性、节奏性和优质性。

3. 更新复壮 果树上各种器官最佳的生长发育和开花结果能力，都具有一定的年龄阶段性。超过这个年龄界限后，生理功能就会衰退。尤其是结果枝，在结果能力上枝龄表现十分明显。枝龄过于幼小和老化，对成花结果都不利。幼小枝难以成花结果，而老化枝虽能成花，但难以坐果，往往表现为花多果少和品质不好。所以，在修剪上应十分注意对衰老和弱化的结果枝组进行及时更新和复壮。

二、整形修剪的依据

1. 根据树种与品种的特性修剪

（1）根据树性修剪 树性是指具体树种与品种的树体生长发育特性。

① 生长势与成花性 树体生长势在修剪上主要与修剪量有直接关系。一般说，幼树生长势强，难以成花结果，应用轻剪缓势的方法促其成花结果。老树生长势弱，虽易成花，但难以坐果和优质丰

产，可适当重剪促发新枝，提高树体花果质量。所以，通过修剪手段维持正常的树势是非常重要的。确定生长势的依据主要是骨干枝的延长枝生长量和长枝的百分率。平地果园幼树的延长枝长度以 80～100 厘米为适，成年树以 30～60 厘米为适，短枝矮化树可按低限，长枝乔化树可按高限修剪。从长枝数量上来说，一般果树的长枝数应占到全树总枝量 20% 左右。长枝过多时，说明树势过旺不利成花结果，修剪上可采取少截多放的办法，缓出中短枝促进花芽分化。长枝不足时，说明树势过弱，往往花多果少，果实发育不良，品质差，在修剪上应采用多截少放的办法，增加长枝量。

②喜光性与开张性 多数果树为喜光性果树，通过整形修剪技术来维持树冠内良好的光照条件是树体正常成花结果的保证。然而，不同的树种与品种，其喜光程度有所差异。桃、杏、枣等最喜光，苹果、梨、李、葡萄等较喜光，核桃、山楂、猕猴桃等虽也喜光，但也较耐荫。喜光性不同的果树，在树冠整形上应采用不同形式。一般说，喜光性强的果树应采用无中心干的开心式树形，喜光性较强的多采用中心干的分层圆锥式树形，较耐荫的树种可采用不分层的自然多干圆头式树形。树冠的开张性与树冠光照状况有密切关系。开张性的品种，树冠光照好，容易成花结果，但要注意结果期顶枝吊枝，以防树体早衰。枝条比较直立的品种，冠内光

照较差，不利于成花结果，修剪上常要注意开张枝干的角度，改善树冠内膛的光照条件，防止结果部位外移，争取立体结果和优质丰产。

③ 干性和层性　乔木果树都具有一定的干性和层性，但不同树种和品种具有差异，这需要在整形修剪上多加注意。一般说，干性强、层性明显的品种多用有中心干的分层树形，同层主枝可采用相距较近的邻接式和邻近式排列。干性弱、层性不明显的品种，多采用无中心干的开心式树形，或者有中心干但不分层，主枝在中心干上的分布距离可适当远点。

（2）根据枝性修剪　枝性是指枝梢在生长发育与形成过程中的特性。

① 生长极性和优势　生长极性明显的果树，局部生长优势都比较明显。生长优势在果树上主要表现为顶端优势和直立优势，修剪上常根据这两种特性调节树体生长与结果的关系。一般说，生长直立不易形成花芽的枝条，需要通过弯、曲、圈、扭等方法削弱其生长极性与优势，促进中、短枝形成和叶芽向花芽转化。对于长期连年结果后发生下垂与长势衰弱的枝干和枝条，则要通过顶枝、吊枝和留上枝上芽、壮枝壮芽当头的方法，恢复其生长极性和优势，提高树体发育质量。

② 硬度与牢固性　枝条的硬度关系到枝干角度调整难易与牢固性。硬枝类型的树种与品种，枝条负载力大，开角后容易定形。但要注意早开，因

枝条长大后难以开角。开角时为防止枝条劈裂，事先应用两手抓住枝条来回摇动，使其软化后再开。也可推迟到生长季再开；软枝类型的树种与品种，枝条的负载力小，开角后容易变形，因而开角不宜过大，以免结果后骨干枝弯曲下垂，削弱主轴延长头的生长势。

③ 类别与质量　枝条从长短上说，多数果树的中、短枝容易成花结果。长枝主要是骨干枝的培养对象，除少数可以成花结果外，多数用于长树，成花结果较难。修剪上经常通过调整长、中、短枝的比例来维持树体正常生长与结果的关系。在结果枝组的修剪上，也大多是通过培养由结果枝、预备枝和发育枝这种三套枝组成的完全枝群结构，通过它们轮替结果克服"大小年"。对密挤枝修剪时，枝条的疏除和选留要考虑枝条的姿势、空间与质量。一般应选留优质的粗壮枝，去除劣质的细弱枝。

（3）根据芽性修剪　芽性是指芽在形成与萌发过程中的特性。

① 异质性　同一枝条不同部位的芽，由于质量不同使其短截后修剪反应大不一样。一般说，春梢部分要比秋梢部位上的芽大而饱满，短截后发枝也长；在春、秋梢上，除大顶芽以外，又以中部的芽最饱满，短截后多发长枝。靠近枝梢基部和顶部两头的芽则依次变瘪，短截后多发中、短枝；春、秋梢的交界处，是只有芽眼而无芽体的盲芽所组成的盲

节，短截后难以发枝。所以在树体整形中，培养骨干枝时多在春梢中部的饱满芽处短截，培养结果枝组时多在中部偏上或偏下的半饱满芽和基部瘪芽处短截。

② 萌芽力　萌芽力常用萌芽率表示。萌芽率高的品种，培养结果枝组时，在枝条的中上和中下部短截均可，但以中上部短截更好。萌芽率低的品种，应在春梢中下部短截，以免形成光腿现象。春季萌芽后花前复剪，也可提高萌芽率。

③ 成枝力　指枝条短截后形成长枝的能力，与骨干枝和结果枝组培养的关系十分密切。萌芽率相同时，成枝力强的品种，幼树结果较晚，但培养骨干枝容易，树冠成形快。成枝力弱的品种，幼树容易成花结果，但培养骨干枝较难，致使树冠成形期往往推迟。

④ 早熟性　桃、杏、葡萄等果树的芽具有早熟性，当年形成后即可萌发，依次抽生一次、二次、三次等各级副梢。修剪上可利用这一特性加速培养各级骨干枝，使树冠早成形。

⑤ 潜伏性　果树上的芽形成后，并不全部萌发，而是萌发一部分，潜伏一部分。这一特性是枝条老化衰弱时更新复壮的基础。潜伏芽较多且寿命较长时，有利于树体长期生存和结果。修剪上可利用这一特性更新年龄老化的结果枝组和结果后下垂衰弱的骨干枝，以增强树体抗病抗灾的能力，延长树体的结果寿命。

2. 根据树体生长结果和枝根平衡修剪

（1）根据树体生长与结果的平衡关系修剪　果树树体的生长与结果只有保持一定的平衡关系，才能长期多结果和结好果，取得优质丰产。否则，不是低产，就是产量不稳，这不仅结果没有保证，而且还易损害树体。在修剪上，这种生长与结果的平衡关系大多是用叶枝果枝比和叶果比来衡量维持的。这两项指标常因树种与品种的不同而有差别。比如，苹果树的叶枝果枝比以 3～6：1 为好，叶果比以 30～60：1 为好。强旺树和小果型品种适当多留果，衰弱树和大果型品种可适当多留叶。中庸树和中果型品种可取中间值。特别是对"大小年"现象较重的成年结果树，一定要做好大年疏花疏果和小年保花保果的修剪调节工作。

（2）根据枝根平衡关系修剪　果树的地上枝条与地下部根系是一个联系密切、相互制约的对立统一体。果树栽植以后，经过一定时期的生长，树冠与根系总体在互为供求的基础上建立起一种比较稳定的平衡体系。在树体生长发育当中，双方若有任何一方受到意外损伤，这种平衡就会被打破，从而削弱另一方的生长发育。这一原理在老树更新和大树移植方面具有较重要的意义。所以，果树修剪时应该考虑到这种枝根平衡关系，对多年生大枝的回缩不可操作过急，而应分期分批逐步进行改造。否则，由于树体本身自然恢复平衡的结果，容易造成冒条，反而影响正常结果。

3. 根据树龄和枝龄修剪

（1）根据树龄修剪 不同年龄的果树，其生长结果特性具有明显差异，因而修剪的原则与方式也需相应调整。一般说，幼树的果树枝叶量少，生长势强，不仅树冠形成过程中容易发生失衡和失常，而且长枝多，中短枝少，难以成花结果。在修剪上，一是要注意严格控制不规则枝条的干扰，培养好骨干枝。二是把不作骨干枝的枝条根据空间大小培养为结果枝组。从修剪量上说，幼树修剪应轻，除骨干枝的延长头每年需要剪截外，其他枝条应以一调二控三甩放为主。也就是说，通过调整枝条姿势、控制枝条生长势力后放任不剪的方法，缓出中短枝来促使树体早成花早结果；结果大树则枝叶量大，生长势力比较缓和。在修剪上应以维持平衡的生长结果关系和良好的通风透光条件为主，从而达到在优质结果的前提下进一步稳定产量和树势；老龄树一般生长势比较偏弱，结果枝组、枝干和根系都有较多的衰老枝，修剪上应注意及时回缩，更新复壮。

（2）根据枝龄修剪 结果枝的年龄会直接影响树体结果能力。枝龄不足时，营养消耗多而积累少，难以成花结果。枝龄老化后，则营养合成与交换能力衰退，花芽质量差，坐果率低，果实发育不良。只有枝龄最适合时，才能形成最好的花芽结出最好的果实。果树的种类不同，结果枝的最佳结果年龄有所差异。一般说，苹果树 3～5 年的枝龄结果最好，梨树 2～6 年的结果枝龄最好，桃树由主干开始向上数第七、八枝序结果最好，枣树的枣股以 3～7 年的枝龄坐果率最高。多数果树的短果枝群，在六年生以下可连续结果 2～3 年，多数集中在 3～5 年，超过六年后结果能力明显下降。衰老树之所以花多果少，而且果实个小、品质差，就是由于大部分结果枝组在年龄上老化后所引起的树势衰弱而造成的。

4. 根据修剪反应修剪 修剪是一种"外科手术"，对树体具有较大的刺激作用。果树接受这种刺激后必会在外部形态上做出某种反应。在修剪学上，我们把这种果树经修剪后在生长发育和开花结果方面的具体表现叫做修剪反应。所以，修剪反应是修剪方法在树体特性、自然环境和栽培管理条件等综合因素影响下的应用效果，是形成修剪经验的基础。果树修剪反应有敏感和不敏感之分。修剪反应敏感是指重剪后容易引起枝条徒长并易顶掉所留花果的现象。修剪反应不敏感是指修剪后树体反应迟钝，修剪量大小对修剪效果影响不明显的现象，果农叫耐修剪。不同的树种和品种，其修剪反应的敏感性有明显差异。一般是萌芽率高、成枝力强的修剪反应比较敏感，萌芽率低、成枝力弱的不太敏感。比如，苹果比梨、桃、葡萄等其他果树反应敏感；在苹果中，红星等品种对修剪反应较敏感，金冠、丹霞中等，富士等不太敏感。所以，同一种修剪方法在不同品种上有不同的反应。结果枝组的修剪一般是依据前两年的修剪反应确定现时剪留长度。若前两年修剪后长枝可占到枝组总枝量的 15%～20%，说明前两年的修剪轻重合适，当前修剪时仍可继续按照上一年的剪留长度剪截。若前两年修剪后长枝过多，说明上年剪截过重，当前应适当轻剪长留。如果前两年修剪后长枝过少，短枝过多，说明上年剪截较轻，当前应当短留重截，促进发枝。

5. 根据树体存在的问题修剪 在生产上采取放任不剪或修剪粗放的果树，往往存在较多的问题。这就需要通过观察和分析，抓住主要矛盾进行改造性修剪。在修剪实践中通常所倡导的剪树前应"绕树转三圈"的说法，就是这个道理。"转"是一种形式，其目的是要求在树冠的不同方位查看树体所存在的各种问题，然后再针对主要矛盾制定修剪措施。

6. 根据栽植方式与密度修剪 果树栽植方式与密度主要与树冠整形修剪目标有直接关系。一般说，株、行间都留有作业道的正方形和长方形栽植的松散型群体结构，树冠整形大都采用立体结构的目标树形。只有行间留有作业道而株间枝条相连接的半松散型篱笆式群体结构，树冠整形多数采用扁平和垂直平面式树体结构的目标树形。国外试验的株行间均不留作业道而是用跨行机械进行修剪、采收、施肥、除草和病虫防治等综合管理的密集型草地果园群体结构,树冠形状则采用无骨架的枝组式自然小树形,而没有明确的人工整形目标。所以,随着果树密度的增加,目标树形的体积越来越小,骨架越来越少,直到全树没有任何骨干枝,只有1~2个结果枝组为止。从而使整形修剪在技术上越来越趋向简易化。

7. 根据自然条件和管理技术水平修剪 一般在生长期较长的地区和土肥水管理水平较高的果园,树势生长强旺,修剪上应采用少截多放、轻剪缓势和多留花果的方法。在寒冷、干旱、生长期较短的地区和土肥水管理粗放的果园,一般树势较弱,则应采用多截少放、重剪促势和少留花果的方法,而且要注意冬剪时期宜迟不宜早和剪后做好伤口保护工作。

8. 根据便管省工、低耗高效的经营目标修剪 在人少地多的国家和地区,果园劳力与用工投入成为突出的问题。为了解决这个矛盾,除尽力发展机械化作业以外,还应要求整形修剪的方式与原则必须符合果园易管省工、低耗高效的经营目标。所以,树冠结构与修剪技术的发展趋向是矮化与简化。

三、整形修剪的原则

"无规不成圆,无矩不成方"。果树修剪虽然在一定程度上说具有较大的灵活性,但并不是说可以无规无矩、无线无路地随意乱剪。相反,修剪果树首先必须考虑果树的生长发育规律和生产管理目标，在技术方法的决策和操作上要有一定的规范。具体地说，整形修剪在技术应用上应遵循以下原则。

1. 选形有据，剪树有形，按形整枝，自始至终 果树的冠形及其枝干结构，应根据树种、品种的特性和果园群体的栽植结构来选用。这个目标树形确定以后，整个果园就应该从幼苗定干开始，连续不断地每年对幼树按形整枝，直至树冠成形为止。在这个树冠整形期间，只要没发现已选定的目标树形有任何不适应问题，就必须坚定不移地按形整树，千万不可让树自然发展搞随枝作形。随枝作形是一种对幼树长期放任不剪或者修剪非常粗放而造成树体生长失控失衡后无可奈何的失误性改造做法，不能作为技术经验提倡和推广。我们固然要提倡根据果树的树性与生长发育规律对树冠进行整形和修剪，但并不是说就可以无原则地让树体任其自然发展，当放出重大问题后再着手大肆改造。相反，科学地整树剪枝，必须是有计划有目的地按修剪技术方案，因势利导，培养符合树体结构要求的枝条成为各种骨干枝和结果枝组。而把不合要求的非规则枝条去除，或者进行控制与改造后加以利用。总之，幼树的整形修剪必须防止一个"乱"字，必须按照整形修剪原理进行科学造形和按形整树，避免形成较多的大乱枝而被迫修剪者迫不得已大锯大砍，从而实现结构合理、通风透光的树形培养目标，达到早成型、早结果、早丰产的幼树管理目标。

2. 荒树改造，有形不死，多顺自然，随枝作形 我国目前新发展的果园中，有很多并没有明确的目标树形，在幼树期间不重视科学整形而对树体采取长期放任不剪或缓放修剪的管理方式。这类果园的树冠大多表现为一个"乱"字，枝多直立，从属不明，抱头和偏形生长，内膛光照差，难以成花结果。这种异常树只能进行逐步的改造式修剪，以调整不合理的结构为主要任务。在目标树形上不能太死板搞千篇一律，只能求大同存小异，多顺自然，随树作形。若脱离实际情况过于强求统一而严格的某种树形，对大枝实行大锯大砍，必会使冠根严重失去平衡而造成枝叶徒长，达不到促花结果的改造目的。所以，随枝作形是修剪者改造荒乱树时所采取的一种迫不得已的办法，只能作为教训接受，而不能作为经验推广。

3. 轻重结合，看树下剪，老弱重截，幼旺轻放 果树的修剪从技术使用的程度上说有轻重之分。无论何种果树和何种树形，均以轻重结合的修剪方法效果最好。在结合使用过程中具体操作时是偏重还是偏轻，须根据树龄和树势来定。一般说，幼旺树应轻剪多放，促进形成中短枝而加速花芽分化。对年龄较大的老弱树，则应多采取重截和回缩的修剪技术，控制花果留量，促发新枝形成，从而使树势止弱复壮。

4. 长远规划，全面安排，有骨有肉，从属分明 果树整形修剪时既要顾眼前，又要看长远，应进行全面安排。尤其是在早期密度较大而中晚期计划作适当间伐的先密后稀园，首先在整体上要制定好永久树和临时树的修剪与去留方案。在永久树上，要做好培养永久骨干枝和临时辅养枝及其向结果枝组逐步转化的修剪计划。使树冠在任何时期修剪后都有"骨头"有"肉"，从属分明，枝干和枝组分布显得有位有序。因此，修剪果树既不能凡枝就留"放乱头"，也不能凡枝就截"推平头"，防止对任何枝条都采用千篇一律的修剪措施。

5. 局部协调，整体平衡，抑强扶弱，合理促控 果树整形修剪的目的必须是果园和树冠在局部上相互协调，在整体上相对平衡，因而对生长势力发展不协调、不平衡的植株和枝条就要通过修剪技术措施进行抑强扶弱，合理促控，调节到中庸偏强的同一水平。这是果树优质、高产和稳产的重要基础。

6. 按势留果，以果调势，果不压头，枝不徒长 果实是消耗树体养分较大的器官，修剪上常需要通过调控留果量来维持正常的树势与枝势。比如，幼旺树和"小年树"可适当多留花果而弱化树势，老弱树和"大年树"可适当少留花果而强化树势。在进行修剪操作时，确定具体留果量的原则与方法是按势留果。比如，按叶果比和果台副梢的生长情况确定留果量。留果量的确定还要考虑树冠枝干的部位。一般为了保证骨干枝正常生长和树体结果后的正常树势，应在枝干的中下部多留果，上部少留果，顶端延长头三年生枝段内不留果，以防枝头生长势在结果后下垂衰弱。总之，合理留果量标准应是既不使树势衰弱，又不使枝梢徒长。

7. 活枝利用，干枝去除，老枝更新，弱枝复壮 果树修剪中加以利用的枝梢应是活枝活梢，若遇到干死枝梢必须去除。因为组织干死后失去生命力的枝条不仅不能利用，而且占据空间，影响周围活枝的正常生长，同时还会大量无控制地蒸腾失水，致使与此相连接的下部活组织继续干死，成为病虫害侵入树体的道口。对年龄老化的枝组应当及时进行回缩更新。对长期营养亏损逐步衰弱的枝组应通过疏花疏果改善营养条件，使其复壮起来。

四、修剪作业的要求

1. 做好修剪前的准备与安排 为了提高修剪工作的效率与效果，在修剪前需做好有关准备和安排工作。首先要调查了解果园的立地条件、管理水平、树体年龄、砧穗组合、树种规划、品种分布、栽植结构、目标树形以及前期的修剪反应与存在问题等基本情况，制定好修剪计划与技术方案。一般是萌芽开花早的树种品种先修剪，晚的后修剪；成年树先修剪，幼小树后修剪。为了保证修剪质量，应统一修剪原则和标准，必要时对所有修剪人员要进行技术培训与检查，决不可把剪树当儿戏。剪树人员的穿鞋着衣要符合要求。穿鞋必须是软底鞋，以免上树时踏伤树皮，引起病虫害。衣裤要求紧身结实而有扎带。手套以双层线织为好，以便操作灵活。天气寒冷时最好能戴上护耳帽。剪刀和手锯要事先整修磨快，以免造成不必要的伤皮。工具消毒剂、伤口保护剂及其刷具也要事先配制和准备好，以便随时涂用。

2. 养成先看后剪的习惯　果树修剪时固然需要考虑多方面的因素，但在具体操作时又不能同等对待这些问题。这就需要在剪树前认真细致地观察树体，抓住主要矛盾进行重点调节。有经验的人往往是对树体先看后剪，先围绕树体转圈看。通过在不同方位观察树冠骨架结构和结果枝组分布情况，找出树体在整形修剪原则上存在的主要问题，然后针对这些具体问题决定技术方案及其操作程序。

3. 有次序按步骤进行修剪操作　为了保证修剪质量和提高工作效率，在修剪操作上必须是有条不紊地按步骤进行，而不能东一剪西一刀随意乱剪。具体的修剪步骤与操作程序详见第三讲"修剪操作步骤"。

4. 修剪要认真细致保证质量　严格地说，要从整形修剪上为树体打下早产、高产、优质、稳产的良好基础，兼顾眼前与长远的综合利益，必须认真对待和慎重处理任何一个枝条。每一剪刀都应该仔细琢磨，有依有据。在技术方法及其使用程度上必须做到正确合理，不轻不重，恰到好处。绝不可草率从事，马虎图快，只顾剪树数量而不顾作业质量。

5. 剪树要连续到底意图明确 为了便于检查作业质量，剪树时一般应按人分树，以行定人，而不能东一株西一枝随意乱剪。由于人与人之间在修剪思路上有一定差异，所以无论如何都应争取把自己剪过的树一次剪完，不能半途而废，把没剪完的树留给别人收拾扫尾。要使果树成形快、结果早和长期优质丰产，必须在幼树期每年连续不断地按目标树形结构进行整枝修剪，不可采取隔年修剪和随枝作形的做法。如果修剪无计划无规律，间隔多年修剪一次，必会形成较多较大的乱枝，干扰树体骨架结构的合理建造和结果枝组的按时培养。实践证明，多年放任不剪或修剪粗放的乱形树改造起来非常困难。问题主要是在调整结构和理顺枝序的过程中，一是不去显密去则显空，二是去枝造伤影响树势，三是费力费工效果不佳。特别是那些经多年单轴延伸后以明显衰弱的枝，再想培养成符合要求的骨干枝比较难，而且在回缩改造过程中还容易刺激树体徒长冒条，其结果利少弊多。另外，在修剪作业时为了以后他人修剪方便，对骨干枝与结果枝组的培养必须做到其修剪意图明确，以免他人今后修剪时对骨干枝难做分辨，造成每年改来换去，影响树冠成形速度和稳定结果。

6. 防止事故发生和病虫害传播　在多人修剪同一棵树时，要互相注意和兼顾他人作业，以防失手掉剪落枝造成伤人事故。对带有病虫害的枝条一般都应剪除或刮治，并立即集中烧毁或拿出园地。同时，对作业后的修剪工具也要及时消毒，用火燎或药液处理后才可移到其他枝条上修剪使用。其目的是防治病虫害人为继续传播。对修剪所造成的较大伤口需及时消毒保护，以防由此蒸腾失水和病虫侵入，促进伤口早愈。

第三讲
果树修剪的技术方法

一、修剪时期与时效特点

(一)休眠期修剪与时效特点

1. 休眠期修剪的作用特点 休眠期修剪是指果树秋季落叶后到来年春季萌芽前期间的修剪。这段时期的修剪由于主要在冬季进行,因而又叫冬季修剪,简称冬剪。冬剪并非真正的冬剪,只不过是休眠期修剪的代名词。果树在这段时期,树体各种生命活动十分缓慢,消耗极少,营养物质由顶端的枝梢向下部粗大的枝干和根系回流贮存。这种贮藏养分直到来春接近于萌芽时才向上调运。所以,这个时期修剪对树体养分损失最少,而且剪掉无用的枝条还可使所保留的养分更加向有用的枝条集中调供。所以,只要能使修剪伤口得以保护和及早愈合,就有利于来年树体生长发育,对树势就具有增强促进作用。从此意义上说,休眠期修剪有类似于施肥、灌水的作用,这就是"剪刀下有肥,剪刀下有水"的道理。其次,冬剪时枝条上没有叶片遮挡而容易看清,操作不易发生失误,而且修剪劳力也容易调配和安排。

2. 休眠期修剪的最佳时期　冬剪开始的时期，要考虑该地区寒冷气候对树体修剪伤口的不利影响。一般说，在保证剪口芽安全不受冻的情况下在晚秋落叶半月后修剪越早越好。在冬季果树经常发生冻害的地区，应以春节后冬末早春树液流动前完成修剪为宜。冬季冻害较少较轻的果区，在整个冬季修剪均可，但从最有利于剪伤愈合的角度说，仍以冬末早春修剪为好。总的来说，北方果树的冬剪以春节后正月期间进行最好。有些不适宜在休眠期修剪的树种，应在生长期进行。

3. 休眠期修剪的主要任务　冬剪是树冠整形和实现枝、芽、叶、花、果定向定位、定质定量的关键时期，是调控树体在生长期平衡生长和按比例结果的重要基础。所以，冬剪的重点是选留培养骨干枝，调整结果枝组大小与分布，处理不规则枝条，控制枝、芽、花、果量。

（二）生长期修剪与时效特点

1. 生长期修剪的营养特点和作用　生长期修剪指的是果树在春季萌芽展叶后到秋后落叶前期间的修剪。果树在这段时期长有大量的新梢及叶片，树体中的贮藏营养和当年制造的营养大多在树冠顶部和外围的枝梢中，这时若剪掉部分枝梢必然会造成营养损失，从而抑制根系生长和削弱树势。所以，生长期修剪量要小，应多动手，少动剪。在必须动剪时，也应注意轻量短截和回缩，尽量少剪大枝。生长期修剪主要用于幼旺树，时期要适合，方法要得当，目的要明确。老弱树在生长期一般只行疏花疏果，尽量不去除大枝。

2. 生长期修剪的具体时期与任务 生长期修剪是对休眠期修剪的补充、巩固、理顺和调整，是继续培养骨干枝、平衡树势和调节生长与结果关系的保证性措施。从修剪目的上说，既是为了巩固上一年休眠期修剪的效果，也是为了给下一次冬剪做好准备和打好基础。

（1）春剪　春剪是指树体萌芽后到开花坐果期间的修剪。这时，在前一年晚秋初冬回流到下部粗大枝干和根系中的贮藏营养，为了早春萌芽开花和抽梢长叶的需要已重新调运到顶端的枝梢内。所以，此时进行剪截和疏枝其营养损失较多。但对幼旺树和萌芽率低、发枝量少的品种，若将冬剪推迟到萌芽后进行，则可削弱顶端优势，提高萌芽率，增加分枝量与中短枝的比例，利于缓和树势，从而增大枝量和结果体积。另外，某些果树若一次性冬剪达不到目的，也常在这时利用花前复剪进行一些必要的调节和补充。比如，控制花量、剪除保护橛和抹掉无用多余的萌芽等。尤其花蕾期疏花可达到以花定果目的。总之，春剪的主要任务是补充冬剪、缓势复剪、控萌抹芽和疏花定果等。

（2）夏剪　夏剪是幼果开始发育到果实纵向迅速生长完成期间的修剪，一般在 5～8 月进行。夏剪以枝梢和幼果管理为中心，主要解决生长结果平衡和树冠通风透光问题。修剪次数要根据具体树种和树势发展而定。一般情况下，桃、葡萄等果树具有副梢生长习性，夏剪次数较多，而苹果、梨树等果树副梢较少，夏剪次数较少；幼旺果树夏剪次数较多，老弱果树夏剪次数较少。因为这段时期树体贮藏养分少，器官建造消耗大，若剪枝过多会明显削弱树势和根系生长。夏剪的主要任务是开张枝干角度，控制新梢徒长，平衡树势，理顺骨干枝与各种枝组的从属关系，改善树冠通风透光条件，保证树体生长结果与发芽分化之间的节奏性、协调性、均衡性和优质性。树体结果过多时应及早疏除幼果，并杀菌套袋，以减少因营养竞争引起的生理落果现象。

（3）秋剪 一般是指在秋季果实成熟和采收期间的修剪。这时，多数果树的树体已开始进入营养贮备阶段。主要任务是以果实质量管理为中心，去除感染病虫害的枝梢和过密过多、质量较差的老叶，改善树冠通风透光条件，增加树体营养积累和果实着色，充实枝芽发育质量，保证树体安全越冬。在秋季雨水较多的地区，不宜剪枝太多，以防刺激树体发生冒条，必要时可通过顶端摘心控制秋梢徒长。在果实管理方面，要做好去袋增色和摘叶转果等工作。

（三）休眠期修剪与生长期修剪的关系

休眠期修剪和生长期修剪是在气候环境、技术措施和目的效果等方面完全不同但又有相互影响的两个时期的修剪作业。休眠期修剪的主要任务是培养树冠骨架结构、调控树势均衡发展、协调生长结果关系，是树体全年管理的基础性工作。生长期修剪是根据树体的动态发展对休眠期修剪的不足之处做进一步补充、调整和完善的保证性措施。有些果树的夏剪次数要求较多，其工作量还要远远超过冬剪。所以，休眠期修剪与生长期修剪只能相互配合，不可相互代替。如果冬季休眠期修剪做得好，可大大减轻生长期修剪的工作量。同样，春夏秋季的修剪工作做得及时而细致，也可大大减少下一次冬剪的工作量。从树体营养上说，两者配合得好，可明显减少无效消耗，增加营养积累贮藏，从而提高树体各种器官的发育质量。

二、修剪技术及其用法

（一）基本修剪方法

基本剪法是指所有果树都要用到的必要性常用技术方法，其具体应用方法很多。

1. 短截 又称短剪，是指对一年生以内的枝梢剪掉一部分，从而缩短其总长度。其作用主要是刺激下位侧芽萌发，促进分生新枝，并增加枝轴粗度和改变枝条延伸方向。多用于骨干枝和大中型结果枝组的培养。幼树在一年中连续多次的短截，可削弱根系和枝梢生长，使树体矮化。大老结果树多用短剪，可使衰弱的枝组更新复壮，强化树势，从而增强结果能力，提高果品质量，延长树体寿命。具体剪法包括以下几种。

（1）轻截 也称轻剪，是指在枝条顶部只剪去一小段的剪截方法，因而又称轻过头。如果只剪掉顶芽，称作去顶或打头。如果只剪去顶芽的一部分，称为破顶或破芽，通常剪掉芽的 1/3～1/2 为宜。轻截的部位由于多是芽体较小的半饱满芽，所以形成的新枝多为中短枝，利于缓和长势成花结果。此法多用于萌芽率高的品种，萌芽率低的品种应用后易发生下部无枝的"光腿"现象。轻截是幼旺树培养分枝型结果枝组的主要用法之一。

（2）中截 也称中剪，是指在枝条中部饱满芽处的短截方法。枝条中截后容易萌发中长枝，利于枝条生长和树冠扩大。所以，中截可提高萌发新枝的成枝力，并使其母枝很快加粗。中截通常用于骨干枝延长头的培养和衰弱结果枝组的更新。

（3）重截 也称重剪，是指在枝条中下部约 1/4 处的剪截方法。虽然此剪法对枝条刺激较大，但由于此部分的芽多是较小的半饱满芽，剪截后仍以发中短枝为主，上部可发少数长枝。所以，重截是幼树培养紧凑型结果枝组的重要手法，一般多用于萌芽率低和成枝力弱的品种。在大老树上，为了控制树体过量结果和促进发枝长叶，萌芽率高的品种也可应用。

（4）超重截 也称超重剪和台剪，是指在枝条基部瘪芽处留很少一部分短橛的剪截方法。这种剪法在树体萌芽后一般成枝力弱，只发 2～3 个中短枝，利于削弱枝势、降低枝位，培养紧凑中小型结果枝组，常用于诱发预备枝和改造强旺枝场合。对有些发枝力强的品种，有时进行超重截时也可能发出旺枝形成跑条。这种情况需在下年修剪时进行"挖心"处理，去直留斜，去强留弱。也可利用生长期连续超重截培养更紧凑的结果枝组，这叫短枝化修剪（图 10）。

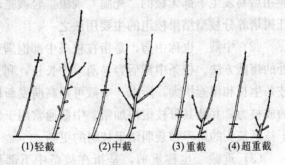

(1)轻截   (2)中截   (3)重截   (4)超重截

图 10   短截的轻重及其反应

（5）戴帽截 也称戴帽修剪，是指在单枝条的年界轮痕或春秋梢交界轮痕处盲芽附近的剪截技术。戴帽截是一种抑前促后造生中短枝的剪法，多用于小型结果枝组培养。根据枝条生长势强弱在其轮痕以上剪留的长度，戴帽截又可分为"戴死帽""戴活帽""戴低帽""戴高帽"和"戴歪帽"五种。

"戴死帽"是指在枝条中部轮痕正中部位进行剪截的方法，多用于中庸偏弱的单枝条。其修剪反应的特点是新发枝容易集中在"帽子"附近。有些果农为了促使下部多发枝，还在"帽子"下增做纵向剪口，发枝后再剪掉残桩，效果良好。"戴活帽"是指在轮痕以上保留几个瘪芽进行剪截的方法，多用于长势较强的单条枝。特点是可加多下部萌发中短枝，减少冒长枝。"戴低帽"是指在轮痕以上少留瘪芽的活帽剪法。"戴高帽"是指在轮痕以上多留瘪芽的活帽剪法。"戴帽"越高越利于缓和枝势增发中短枝，越适合于强旺单条枝。"戴歪帽"是指疏去中心枝后在侧生甩辫枝的基部进行超重剪的方法。

（6）破台截 又称破台剪，是指在结果枝上着果处发生膨大的瘤状果台部位进行剪截的方法。剪截果台的方法一般是剪掉果台的 $1/3 \sim 1/2$，这样可使果台上的潜伏芽萌发形成新枝，这新枝称为果台副梢或果台枝。营养好的果台副梢当年还可形成花芽，下年结果，这叫连续结果。破台剪常用于苹果、梨树上短果枝群中无副梢的光秃果台疏剪更新情况（图 11）。

（7）剪梢和摘心 以上五种短截方法是从休眠期冬剪的角度而言，在生长期夏秋季对带叶新梢的短截一般称为剪梢。对新梢剪截如果十分轻微，只是用手摘掉其新梢顶端幼嫩的生长点部分，在修剪上称为摘心。剪梢和摘心可通过改变新梢内生长素

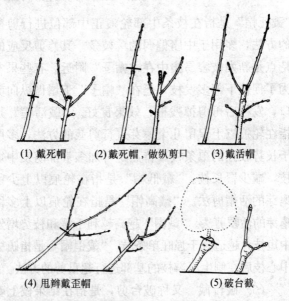

(1) 戴死帽　(2) 戴死帽，做纵剪口　(3) 戴活帽

(4) 甩辫戴歪帽　　　(5) 破台截

图 11　戴帽截和破台截修剪反应

和营养物质的分配运输方向，削弱顶端优势，控制新梢旺长，增加枝梢的粗度，提高枝梢的发育质量，并可能促使当年新侧芽萌发形成副梢结果枝组（图 12）。

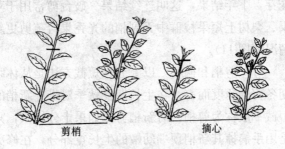

剪梢　　　　　　摘心

图 12　剪梢和摘心修剪反应

2. 回缩 又称缩剪，是指对两年生以上大枝往回短缩的一种剪法。小枝用剪，大枝用锯。回缩修剪由于大大缩短了地上部枝梢与地下部根系在养分水分交换上的距离，减少了消耗器官数量，而能促进下后部所留枝条生长和潜伏芽萌发形成新枝。所以，缩剪多用于长期甩放不剪造成结果后下垂衰弱的枝干和枝组的更新复壮情况，但有时也用于直立旺长大枝难以开角只能以背下枝换头控制的场合。枝条回缩后的反应是起促进还是抑制作用，则与回缩部位高低、新留枝头生长方向和伤口大小及保护等情况直接有关。一般回缩部位比原枝头较高，新留枝头生长方向比较直立，伤口小且保护得好，则为促进作用。反之，则为抑制作用。因此，衰弱枝在更新回缩时，新代换的枝头应选留生长方向斜上的强枝。直旺枝在改造回缩时，新代换枝头应选留生长方向比较平斜的弱枝（图13）。

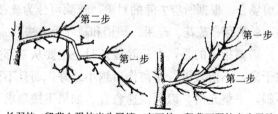

长弱枝，留背上强枝当头回缩　直旺枝，留背下弱枝当头回缩

图13　枝条的回缩修剪

大枝回缩修剪的方法在不规则大枝和异常树改造中经常用到。为了取得预想的好效果，须注意三

个问题：一是保护好伤口，防止水分蒸发和病虫侵入，并及时除去伤口附近多余萌芽；二是操作不宜过急，对需回缩的大枝应分段分次逐步进行；三是事先做好有关准备和配合工作，比如提前1~2年，在回缩枝下部的"光腿"处割伤造枝，在计划回缩部位培养好预备当头枝，或用"环缢"的方法事先控制上部枝条增粗，以使形成"蜂腰"，在将来回缩操作时更加便利。另外，还要注意结合夏剪把新发出的枝条按要求进行控制处理和改造培养。

3. 疏除 也称疏删和疏间，是指把某些多余无用、白耗养分和有害多弊的器官从基部彻底去除的修剪方法。其作用是可减少器官数量，节省养分，改善树冠通风透光条件，并利用造伤效应抑前促后，调节枝势，提高器官发育质量。所以，疏除修剪多用于超负荷、超密挤、营养水平低、通风透光差的树冠改造情况，也用于感染病虫及失水干枯枝条的修剪场合。根据所应去除的对象，疏除可分为疏枝、除萌、疏芽、疏花、疏果、疏梢和疏叶等方法。

需要指出的是，在疏除枝条时一定要从基部去除干净，不留残桩，所留伤口越小越好，而且不歪不斜，平整光滑，以利快速愈合。如果不按要求留下残桩，残桩将很快干死而形成蒸发水分和病虫侵入的窗口，并在以后继续扩大影响附近枝条正常生长（图14）。

大枝的锯除一定要小心，谨防劈裂，并注意伤

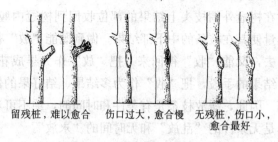

留残桩，难以愈合　　伤口过大，愈合慢　　无残桩，伤口小，
　　　　　　　　　　　　　　　　　　　　　　　　　愈合最好

图 14　疏枝的技术要求

口的整修保护，以防病虫由此侵入和失水过多影响上部枝条生长。同时，在生长期及时抹除伤口附近新生的萌蘖，以减少养分无效消耗。

4. 缓放　也称甩放和长放，是指把着生姿势和生长势符合要求的枝条原样放着不剪而暂时任其自然发展的方法。枝条缓放由于留芽多营养分散，有利于形成中短枝，缓和长势，成花结果。缓放也有利于枝条的营养积累，使弱枝转强，细枝增粗。所以，缓放主要用于年龄不大和生长势比较缓和的斜生枝、水平枝和下垂枝。对生长强旺的直立枝、徒长枝和竞争枝等乱生枝不能缓放，因为这类枝条缓放后越长越旺，越长越粗，容易失控形成树上长树，不仅不能成花结果，反而会扰乱树形。另外，缓放只是一种暂时性的过渡措施，不可当作"永放"而将一个枝条连续多年长时期放任不管，否则容易形成又长又弱的交叉枝，影响树冠光照，造成结果外移。所以，缓放应与回缩相结合，当缓放的枝条成花结果后应逐步进行回缩更新，把放出来暂时在树冠外围枝头上结果的部位收回到树冠内膛，尽量使其在枝条的中下部结果。做到既能"放"得出去，又能"收"得回来。把"放"作为早成花、早结果的手段，把"收"作为多结果、结好果的保证。因此，缓放枝条是有条件和时间的，绝不可当作是无条件的"乱放"和无时间的"永放"。

5. 弯曲　是指把生长方向与势力不合要求的临时性枝梢，通过盘圈、弯别、支拉、坠压等手法，进行大幅度改变其生长角度与方向的修剪措施。弯曲的对象应是生长直立而难以成花结果的临时性长枝，而永久性的骨干枝不宜采取弯曲措施。弯枝技术的总要求和总趋向应是水平或者下垂，而不能立圈。弯枝一般不伤枝，但对一些粗硬而难弯的枝条也可先行拧伤，然后再弯曲。弯曲的目的和作用主要是改变枝条的生长方向与顶端优势，促进其下部萌发中短枝，以缓和长势促花结果，并改善树冠通风透光条件。弯曲的效果以从基部弯曲较好，在枝条中上部采用弯曲后容易引起下部冒条，反而影响成花结果。弯曲修剪方法适合用于修剪反应敏感难以成花结果的树种与品种（图15）。

6. 伤枝　又称造伤，是指有意识有目的地对枝干或枝条造成一定的伤害，通过破坏一定的输导组织达到调节枝势和促进成花结果的修剪措施。也就是说，伤枝具有抑前促后的作用，即可明显削弱其伤口上部枝条的生长势力，促进其营养积累与成

花结果；同时可刺
激其伤口以下"光
腿"部位的潜伏芽
萌发，形成弥补空
位的结果枝组。伤
枝的时期以冻害期
过后到秋梢开始生
长以前为宜。同时，
还要注意伤口保护。
此法对于生长强旺
而难以成花的树种

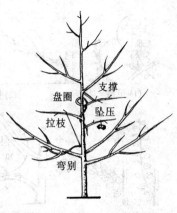

图 15　临时枝弯曲改造

与品种均有较好效果。但考虑到造伤对枝条具有较
长时期的削弱抑制作用，一般提倡只是在临时性辅
养枝和大中型结果枝组上使用，除特殊情况外一般
不用于骨干枝，以免影响骨干枝正常生长和结果负
载后的牢固性。因此，伤枝剪法一定要选好对象慎
重使用，切勿到处乱用。伤枝的具体方法较多，可
分为以下两大类。

（1）变向伤枝　是指将生长方向不合要求的枝
条通过造伤技术改造为符合要求的剪法。主要包括
以下几种技术（图16）。

①扭梢　也叫捻梢和扭伤，是指在夏季把直
立旺长还未木质化的新梢，在其中下部用两手分别
上下捏紧，将梢头向下扭转并别于基部枝杈处。扭
梢可促使原梢头当年成花下年结果，并使扭伤部位以

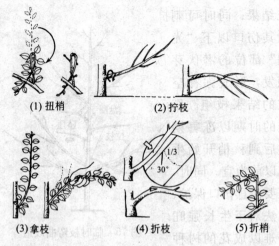

(1) 扭梢　　　　　　(2) 拧枝

(3) 拿枝　　　　(4) 折枝　　　(5) 折梢

图 16　变向伤枝

下新梢基部分生中短枝，第二年成花第三年结果。一般在第三年当原枝基部的新生枝有成花结果能力以后，在冬剪时可将其原来向下扭伤的枝头回缩剪掉。

②拧枝　也叫拧伤，是指对一年生以上的木质化强旺枝条拧转其枝轴，并使其枝头向下斜长。一般操作要求是，拧转 180°，使枝轴上原来的分枝位置上下置换颠倒，并加以固定。拧枝的时期最好是在接近于萌芽的时期。过于强旺的超长枝，必要时还可再附加一些缩剪等其他剪法，以防与其他重要枝条形成交叉而影响其正常生长发育。

③拿枝　也叫拿伤，是指将比较直立的 1～2 年生长旺枝条或新梢自下而上用手连续捋拿，使其木质部轻微受伤后自然向下弯曲。拿枝的技术要求

是伤而不残，弯而不折，挬拿后枝条平滑弯曲，不能发生外部折伤。

④ 折枝　也叫折伤、"老虎大张嘴"，是对比较直立有明显"光腿"或上强下弱现象的粗大临时枝在中下部做折伤开角的一种重型"外科手术"措施。具体操作方法是，先在枝条开角部位的上内侧斜向下剪个约30°斜角的剪口，深度约为枝粗的1/3，然后一手托住剪口的外下部，一手外拉，枝即劈裂；再将劈裂的上口搭在下口部位，使其折伤枝条角度开张，平斜向外。若劈裂处不易搭固，也可在劈裂口内插夹一"枝舌"，得其得到同样的平斜姿势效果。过两三年后，当折伤下部的弱枝复壮和新生枝成花之后，便可在折伤处回缩，减去前部的伤枝，从而培养符合要求的新生枝组。

可见，变向伤枝是一种伤枝又伤皮的重伤剪法，由于伤口对其枝条具有长期削弱和抑制作用，一般不宜在永久性的骨干枝上使用。对临时性的直旺枝条采用此法改造其效果较好。

(2) 不变向伤枝　是指不改变枝条的生长方向及姿势，只是利用造伤的抑上促下作用来达到削弱长势而促其成花结果的方法。根据造伤程度的不同，主要包括刻伤、环缢、环剥、倒贴皮和树干大扒皮等几种技术措施（图17）。

① 刻伤　是指在春季萌芽前或夏季前期用刀深刻枝条皮层和微伤木质部的方法。刻伤的形式可

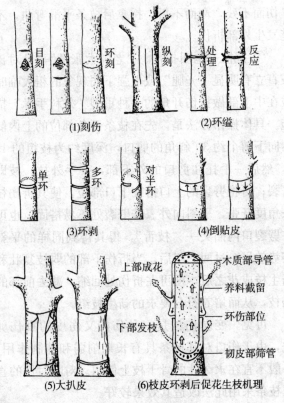

图 17　不变向伤枝

分为目刻、环刻和纵刻三种。

目刻：也叫目伤，是指在 1～2 年生枝上紧靠芽的上位或下位横刻一小刀，其形状如眼睛闭合。芽上刻伤的目的主要是截留由根系向上输送的无机养分和水分，促其芽及时萌发形成强壮枝，修剪者常常利用这种技术根据自己的意图来诱导潜伏芽萌发生枝，以保证各种骨干枝按时按位培养和防止出现"光腿枝"现象。芽下刻伤的目的主要是截留由叶片向下输送有机养分，抑制芽的萌发和削弱萌发芽的成枝力，修剪者常常利用这种方法来控制直立旺枝生长，从而达到培养中短枝促进成花结果的目的。

环刻：也称环割和环切，是指在 2～3 年生以上枝条某一部位环刻一周。目的是缓和环刻部位以上枝条的生长势力，促进其成花结果，并刺激刻伤部位以下潜伏芽萌发形成新枝，以补其空缺。所以，环刻多用于光腿枝、上强下弱枝和直立旺长不结果枝条的改造。有时如果一次或单环刻伤达不到目的，可采用多次环刻和多重环刻相结合的方法，以加强在生长方面抑上促下、在结果方面抑下促上的调节作用。

纵刻：也叫纵伤，是指在多年生紧硬皮果树的主干和其他枝干上，沿其枝轴作纵向刻伤其皮层。其作用一是抑制树势或者枝势过旺生长而促其成花结果，二是减少树皮的机械压力而利于枝干增粗。在土壤条件不好而且管理粗放营养不良的果园，树体枝干的表皮往往比较紧实而坚硬，其内部分生组织由于受到外部树皮的压力而难以发挥加粗生长作用，从而造成整个枝干缺乏应有的粗壮力。这样的果树，由于养分和水分通路过于狭小，树体很难有起色性变化。在这种情况下，若结合肥水管理，利用纵刻技术对其树干和其他枝干上已经形成硬皮的部分进行纵向刻伤，则有助于枝干增粗，从而加强其生长势力。每个枝干每次纵刻的具体数目应依其枝干的粗度而定，粗枝可多，细枝可少。这种技术措施，北方地区的果农在桃、杏、枣、核桃等果树上有所应用。

② 环缢　也称缚缢、绞缢，是指用铁丝或线绳在枝条适当的部位紧贴皮层缠绕一周。其作用与环刻类同，但不伤害木质部和皮层。其抑上促下的效果是随其枝条的增粗生长而逐步表现出来的。一般说，一开始比较缓和，以后随着环缢部位"蜂腰"的形成其作用越来越明显，而且在时间上一直能维持下去。所以，当达到促进成花结果的目的后则应及时解绑，去除环缢物，以免过分削弱上部的枝势甚至造成折断。解绑时间一般是在环缢处理20 天以后。环缢的操作时期以冬剪到新梢旺长期以前为宜。适于环缢的枝条和部位，一般多是比较直立的光腿枝、上强下弱枝的中下部，以及大老树计划落头和枝干回缩更新的部位。

③ 环剥　是指对多年生临时性大枝在适当部位剥去一圈具有一定宽度的皮层。其作用与环刻、环缢相同，但抑前促后的效果更加强烈。所以，此法能更加明显地削弱上端枝势旺长而减少无效消耗，同时暂时中断上部叶片光合产物下运，使有机营养在环剥上部枝芽中大量积累，从而促进其成花、坐果与果实发育。对环剥部位以下能促进弱枝

复壮和潜伏芽萌发形成新枝，以弥补空间。环剥的效果以旺长不结果的枝条为好。

环剥技术的效果比较明显，但需谨慎使用。在其技术操作上，一是要注意剥皮的宽度，一般认为以枝粗直径的 1/10 为宜，但在气候干旱生长期较短的黄土高原地区，环剥最宽不要超过 0.5 厘米。过窄时愈合太快，达不到目的。过宽时长期不能愈合，严重削弱枝势，甚至造成死亡。二是要注意刻皮的深度，一般要求既不能伤及木质部，又要将两道环切之间的皮层剥除干净，不留残余。三是要注意环剥的部位，一般环剥应在有一定叶面积的分枝之下和"光腿"部位之上进行。同样的叶面积和分枝量，环剥的部位越高越好。四是要注意环剥的对象，由于环剥具有较长时期的削弱作用，所以多用于临时性的辅养枝和结果枝，除少数情况外，一般不用于永久性骨干枝。五是要注意伤口包扎，以防过多失水和病虫侵入。

环剥的时期以春季新梢叶片大量形成以后，其树体生长和开花坐果旺盛最需要有机养分的生长前期为宜，如新梢速长期、落花落果、果实膨大期和花芽分化期等。最好不要在晚秋进行，以防其环剥伤口难以全愈。环剥枝条的伤口一般在 20 天左右即可愈合。环剥技术具体应用时，可根据枝条生长势等情况采取单环、多环和双对半环等多种形式。

④ 倒贴皮　指枝条按环剥方法进行环剥以后

不将剥皮扔掉，而是将其上下反转颠倒后仍按表皮朝外贴在原处，并用塑料布包扎好贴皮。倒贴皮的作用与环剥完全相同，但优点是环剥皮层的宽度可适当灵活，操作比较方便，而且伤口愈合较快，比较安全保险，不致过分衰弱枝势和树势，更不会造成树体或枝条死亡。一般剥皮的宽度为1～4厘米，但需注意同一环剥皮要宽窄均匀，以利于贴皮操作。倒贴皮的伤口在正常天气下多在5～7天即可愈合。所以，倒贴皮既可用于临时性大型辅养枝和结果枝组，也可用于主干和主枝等永久性骨干枝。在一些土肥水管理条件较好的乔化密植果园，对未开始结果的幼树可每年在其主干上错位性地进行一次单环倒贴皮，也可在主干与主枝上每隔一年交替进行一次，共进行2～3次。倒贴皮技术几乎对所有果树都适用，特别是对难以成花结果的幼旺树效果很好，并且操作比较简便和安全保险。

⑤ 大扒皮　于生长期在大老树的主干或主枝的基部扒去树皮，露出白色光滑的木质部。其作用：一是和环剥有相同的抑长、促花、保果作用；二是和刮老翘皮一样，有灭病除虫的作用；三是和纵刻一样，能解除老硬皮对其内部分生组织的机械压力，利于枝干增粗；四是可使树皮更新换代，有助于树体复壮，提高抗性，增加寿命。

扒皮的时期以花后到新梢旺长期之前的生长前期为宜。扒皮的对象与效果以硬皮强旺、结果少的树为好，苹果、梨、山楂、李、杏等果树都可应用，但衰弱树不可扒皮。扒皮的方法，先在主干或主枝基部的适剥部位上、下端分别横向环切一圈，树干扒皮的宽度可为主干的 4/5 左右，深度应达形成层木质部；再在扒皮区域纵切一刀，然后撬起用手抓住断皮自上向下往侧方剥离。扒完皮后所露出的白色形成层不能被太阳暴晒，若树冠不能自然遮阴，还需立刻人工遮盖。除此之外，在扒皮操作过程中还要注意五个问题：一是扒皮后不能碰伤和触摸所露出的白色形成层以及由内流出在表面的黏液；二是不宜雨天扒皮，以免所流黏液被淋掉或者长期不干导致霉烂，影响新皮形成；三是要适当保护伤口，增加湿度，且防病虫侵染；四是扒皮后 7～10 天内不宜喷打农药；五是衰弱的树不能扒皮。虽然也有观察认为扒皮后内部组织只怕日晒而不怕雨淋和病虫侵染，但仍以小心谨慎、保险安全为好。扒皮后，先是出现黏液甚至流水，2～3 小时后停止，然后在数天内由黄白色变为黄绿色和黄褐色，一周后就可形成新皮，一个月左右基本形成树皮皱形，3～4 个月后复原，越冬后变为灰白色。新皮致密坚韧，生活力强，病虫难以入侵。一般一次扒皮的作用效果可维持 10 年，10 年后树皮老化还可再行扒皮更新。所以，只要按照要求进行操作，果树大扒皮是一种能使树体返老还童而且效果明显、时效较长的更新复壮技术。

总之，刻伤、环缢、环剥、倒贴皮和大扒皮等不变向伤枝，从造伤方式与程度上说多是一种伤皮不伤木的方法，从修剪作用上说都是促进上部成花和下部发枝的方法。这些修剪技术由于对枝条的削弱和抑制作用不如变向伤枝强烈，所以除在直立旺长、上强下弱和中下部光腿缺枝的多年生枝上可大量应用外，在骨干枝上也可以酌情应用。但在骨干枝上应用时必须小心谨慎，在程度上不能过重，在次数上不能过多，否则会影响骨干枝正常生长和结果负重后的牢固性。对过于直立旺长的枝条，还应与开张角度、弯枝缓势等方法结合起来，以取得更好的抑长、促花和保果之效果。

7. 开角 幼龄果树在自然生长的情况下，多数枝干角度小而直立旺长，只有通过人工开张角度才能达到管理要求，从而促进成花结果。

（1）留外芽剪截 同一枝条上不同位置的芽所发的枝梢，具有不同的生长方向与姿势。利用外芽作剪口芽短截，可使枝条的生长角度逐年得到开张，这是多数果树骨干枝和大型辅养结果枝的延长头在冬剪时主要采用的方法。

（2）外力开拉 对质地细软的多年生枝，均可就地取材采用棍支、别枝、绳拉、石坠、泥压等方法进行开角。棍支时，支棍要直而结实，两头要根据支点适当开个凹槽，以防支撑后受风摇落。同时为了避免擦伤树皮，支点应垫上布片加以保护。别枝时，别枝应粗硬而直，且最好两端有能起固定作用的杈头。绳拉时，为防止勒伤枝条，一是要注意在拉枝上交接点处的绳环应死固而宽松，二是要注意在交接点垫好保护布片。石坠和泥压开角是一种简易的方法，也要注意坠压物与枝条接触点的衬垫保护。另外，有些情况还可就树取枝，利用本树上的重叠枝来作"活支柱"和"活拉绳"进行开角。"活支柱"开角是指将开角枝上位重叠着生的多年生辅养枝弯下，用其前部分叉处顶开下位直立枝使之开张。"活拉绳"是指将开角枝下位重叠细长的徒长枝梢头充分拧扭，当其可作绳子使用后而将其拉住上位开角枝中部，从而使其开张（图18）。这种外力

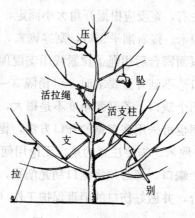

图18 骨干枝的外力开角

开角法，一定要注意防止枝条劈裂和折断。开角前最好将其枝条上下左右来回摇动，使其软化后再开。枝性脆硬的树种与品种，可推迟到生长季开角。因为生长季枝性变软，便于开角操作。

（3）取木抽垫再顶拉 对较粗硬的多年生大

枝，用单一的外力很难开角，如果冒然施加大力进行开张，很易造成枝干劈裂。这时，须采用取木抽垫再顶拉的方法。由于此法是一种重型的"外科手术"措施，一定要注意开角时期、操作要求与伤口保护。为了保障安全，一般应在萌芽后生长前期进行，北方地区多在5月下旬到6月上旬。操作时，先在枝条开角部位的外侧向内锯一外厚内薄的双斜面"蛤蟆嘴"形缺口，取出其"嘴"中的舌垫木块。嘴形缺口深度越深越好，应达到枝粗直径的2/3左右，宽度应根据开角大小而定，一般为1.5～2.0厘米。接着削平锯口，刮净锯末，撑开枝条使锯口双面密合后用绳子拉紧或用支棍顶好。若开一个缺口达不到开张要求时，可稍隔3～6厘米再连开一两个缺口。若开张角度不是很大，为了提高操作效率也可采用连多锯的开口方法，锯口间距仍为3～6厘米。需要注意的是，无论用何种方法和开锯几个缺口，都必须将锯口刮光削平，开角后能使其密合，并做好伤口的消毒保护工作（图19）。

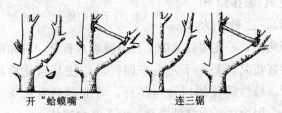

开"蛤蟆嘴"　　　　　连三锯

图19　取木抽垫法开角

（4）背后枝换头 需要开角的直立枝若有较好的背后枝，则可将其原头回缩下来，改换为背后枝作新的延长头。回缩时可根据背后枝的粗细采用一步法和逐步法。一般当背后枝粗于被去枝头时，可用一步法一次完成；若背后枝细于被去枝头时，应结合提前环缢或环剥等抑上促下的方法分次逐步完成，且要注意保护好修剪伤口。

总之，开角技术多是不伤害枝条组织就能使树势得以缓和的安全措施，一般多用于骨干枝，因为永久性的骨干枝不宜采用造伤和弯曲的方法。修剪实践证明，在幼树上对角度过小的直立性骨干枝进行适当开角，不仅能缓和树势提早成花结果，还能改善树冠通风透光条件，并减少一些不必要的修剪工作量和剪枝伤口。相反，在修剪幼树时若不及时开张骨干枝的角度，以后不仅修剪起来费劲，而且修剪效果也不会太好。

（二）辅助修剪方法

辅助修剪是指在基本剪法基础上进一步巩固强化其修剪效果的补充性技术措施。

1. 绑缚 指将修剪后的枝梢进一步在支柱或支架上进行绑缚固定。其作用主要是配合树冠整形固定骨干枝和结果枝的位置、方向和姿势，调节树体生长与结果的关系，控制树冠的高度与宽度，改善树冠内通风透光条件，充分合理利用空间与阳光，防止风害所造成的倒伏、折枝和落果等问题。

绑缚措施是蔓性果树和其他人工整形果树在修剪上的一种重要的技术环节，操作时要求松紧合适，使绑枝既不能走形变样，又不能发生勒伤。

2. 顶吊 指在挂果期对结构不牢固或超量结果的骨干枝用木料和绳子进行顶吊的措施。其作用是保持枝干合理的姿势与长势，防止风害所造成的倒伏、折枝和落果等不利影响，从而提高树体的负载和抗御能力。

3. 护伤 指对修剪当中所造成的各种伤口进行整修、消毒和保护。主要目的是防止水分蒸发和病虫侵染，加速伤口愈合，保证伤口周围附近枝梢正常生长与结果。一般认为较小的伤口可让其自然愈合，但伤口直径大于 1 厘米时都应该做适当保护。

4. 修复 指果树在受到修剪以外的各种机械性伤害后，管理者为了使其受损组织迅速复原所进行的整修、护理与治疗等各种综合措施。比如劈裂复原、折枝高接、病皮换植、虫洞补修、缺皮桥接和斜干靠接等。在生产管理作业中，若意外对果树造成了伤害，发现后若能及时修复，则可最大程度减轻对树体生长、结果和寿命等方面的不利影响。

5. 刮皮 指对大老树主干和下部主枝的外表老翘皮进行刮铲。其作用一是灭除寄生于老翘皮内的越冬病虫，二是减轻对内部分生组织的机械压力，利于树皮更新和树体健壮。所以，在我国北方果区有"要吃梨，刮树皮，不刮树皮吃不上梨"的经验说法。

6. 断根 指对根系的修剪措施。传统剪树是指对树冠整形修剪，其实根系也需要更新修剪。因为果树根系与地上部枝条是一个完整统一的营养交流体系，而且经过一定时期发展，二者会建立起一种相对稳定的平衡关系。修剪者在剪树时能始终考虑到这种根枝之间的统一体系与平衡关系，对二者同时进行修剪调节，必然能获得更理想的效果。根系修剪在果树生产上主要用于对幼旺树控梢促花和对大老树根枝更新。在观赏园艺上，根系修剪是盆栽、盆景果树管理中控制枝梢矮化树体的一项重要技术途径。根系修剪不仅要考虑与剪枝配合，更要考虑与土肥水管理配合，以保证根系在修剪后能及时而快速地分生新根，提高其在土壤中的活动与吸收能力。所以，根系修剪应掌握好修剪时期和修剪量。断根措施一般应在根系旺盛生长期进行，以秋季果实采收后到落叶以前，结合土壤深翻施基肥进行，其效果最好。在修剪量上，要掌握对幼旺树宜重、中庸树宜轻、弱树复壮后再修剪的原则。对大老树进行改造修剪时，可结合土壤改良和加施有机肥等营养管理措施，截除枯死根和病虫根，回缩外围衰弱根和超长根，并利用刻伤技术促进在树冠下和近干处发生新根。

三、修剪操作步骤

(一)修剪作业前的准备工作

1. 修剪前的果园调查 为了便于安排和制定具体技术方案,应在修剪前充分了解果园的立地条件、管理水平、群体结构和目标树形等总体情况,并全面总结以前整形修剪上存在的问题。当修剪原则确定后,大果园就可根据人员的年龄、性别和技术素质等情况进行分组搭配,最好先按品种以行分树到组。在组内按照统一的要求标准经过必要的两三天集体修剪操作训练以后,再按人分树进行单独的修剪作业。小果园则可酌情采用灵活多样的作业形式。

2. 修剪时的树体观察 一个果园虽然每次修剪从整体上都有一定的修剪原则与技术要求,但具体到每个树并不能死搬硬套地采用同一模式。一般为了做到心中有数,在剪树操作时,应先围绕树体边转边看,从不同的方位和角度深透观察和认真分析树体所存在的各种问题,然后抓住主要矛盾进行修剪调节。有经验的人往往是先看树后剪,重点解决好关键性问题,在保证修剪质量的前提下尽量使修剪作业简化,减少用工。这就是"剪树前先绕树转三圈"经验说法的原因。

观察树体要从整形修剪的原理和原则出发。首先要根据目标树形观察其骨干枝和结果枝组在树冠中的配置与分布是否合理,从属关系是否明确,同级主、侧枝的角度与生长势是否平衡，有没有不合要求的不规则乱枝等。然后再观察过去每年的果台及其副梢，由此来推断过去的留花、留果量是否合适。最后再观察每年的修剪量及其反应，综合分析造成某些问题的原因，树体观察时要注意全面性与深透性。要求在东西南北各个方位角度和上下内外各个立体层次都要观察到。特别是对一些分布不合理的不规则大枝，要注意与其周围枝条之间的关系，选择最合适的处理方法，并充分估计处理后可能带来的新问题。

（二）修剪操作的步骤顺序

1. 先大后小，由粗到细　剪树时首先应根据目标树形确定和培养各级骨干枝，然后再考虑在各种不同大小的骨干枝上配制各种类型的结果枝组。比如，树冠的主体整形首先要考虑中心干和主枝的选留培养，主枝的修剪首先要选好侧枝，结果枝组的修剪首先要考虑大中型枝组的位置与间距等。

2. 先上后下，由高到低　目前在果树修剪上存在着一个相当普遍的现象，就是只剪下部容易剪到的枝条，而对树冠上部难以剪到的枝条留下不剪，这是十分错误的。除正处于整形时期的幼树在选留骨干枝时需要从下到上进行操作外，一般已成形的结果大树在修剪时都应当积极利用高凳、高梯、高枝剪锯和高枝钩等工具，先从树冠中心干的上部由高到低向下部修剪。这样剪出来的树体结构与枝组分布容易达到外稀内密、上小下大和开心分层的要求，利于改善树冠下部和内膛通风透光条件，从而实现果树立体结果和优质结果的修剪目标。

3. 先外后内，由头到尾 剪树无论遇到大枝小枝还是长枝短枝，都必须按照先外后内和由头到尾的作业顺序，先从枝条顶端的延长头开始，逐步向基部有顺序地进行修剪推进。特别是在修剪骨干枝时，应根据平衡对称的基本原理，首先确定和短截其最顶端的延长头，然后由此向下逐枝移动修剪。这样，即使再大的骨干枝和有再多分枝的结果枝组，也不会感到杂乱而无法着手修剪。同时，这种先外后内和由头到尾的作业顺序，也非常有利于步步向内修剪移进时人体的活动与操作。

4. 先开后疏，由轻到重 从树体生长发育规律和生产管理需要的角度说，树体当中的各级骨干枝都要求有一定的角度与姿势。如果某些大型的主、侧枝角度过小而直立，即使在其中下部和内膛有一定的交叉枝和密挤枝，也不宜先行处理。最保险的方法是，先对这种直立的大枝干按要求进行开角，然后再根据开张后的空间大小重新观察后在决定疏除或回缩这些在分布密度与形式上已发生变化的各种小枝群。因为往往有些小的交叉密挤枝在其大母枝角度开张使其生长姿势发生变化以后，并不一定就仍然显得交叉和密挤。这种情况下，当然也就不再需要对这些小枝群进行疏除或回缩了，甚至有些还需要通过短截来增加枝量。若对这些小枝群在其大母枝开张角度前盲目处理过早，当其大母枝开张后一旦发现造成空缺，就无法挽救了。所以，先开大枝后疏小枝，根据情况变化由轻到重做"缓期执行"，容易避免"冤错假案"发生，从而减少操作失误。

5. 先缩后截，由长到短　这是说对有些放任多年没剪而自然发展起来的长弱枝，应根据所存在的问题首先考虑是否需要回缩，然后再根据需要在回缩后所留下的枝段上考虑细致的剪截。有些无修剪经验的人不懂得这一点，不管什么样的枝条都是保留原有的大小，只是对其上的小分枝进行认真细致的修剪，但往往在修剪完成后才发现此枝太长，应当从中部进行回缩，结果使被缩枝上的修剪工作都白干了。这样的修剪方式虽然看起来修剪操作比较稳重和保险，但实际上做了很多无效劳动，影响修剪工作效率。当然，如果有些长枝暂时难以确定重缩的部位，也可分两步进行回缩。第一步先轻缩一少部分，当全树修剪完成后再根据树冠的整体情况进行第二步重缩到位。这样做的好处是，既能尽量减少一些不必要的失误，又能使甩放多年的长弱枝经过几次回缩后由长变短，并经细致的修剪后将其逐步改造成符合各种管理要求的高质量骨干枝和结果枝组。

6. 先去后理，由乱到清　对放任多年未剪的荒长乱冠树，可在选定各种骨干枝的基础上先去除那些明显不宜存在的干枯枝、病虫枝、密挤枝、交叉枝、重叠枝、并生枝和霸王枝等不规则乱枝。这样，当树冠中被选留的大枝显得比较清晰后，再按上述常规操作步骤顺序，逐位逐枝和有条不紊地理顺所留枝干、枝组间的从属关系。

第四讲
幼树培养与整形

幼树是指树苗栽植后经过数年生长发育能开花结果的幼年果树。主要特征是发展根系，扩大树冠，增加器官，为树体进入结果期实现优质丰产打好营养基础。幼树修剪主要任务是树冠整形，尽快培养好骨干枝和结果枝组，形成一个结构合理、器官优质和管理方便的树形。

一、骨干枝培养与整形

树冠整形就是通过逐步培养各级骨干枝和结果枝组，把树冠整成一定的形状，从而增强果树的结果力、负载力、抗害力和长寿力，并便于各种生产管理。

（一）树形与树体结构

1. 树形　是指树冠的外形，是树体结构的外观表现。树形的名称多是根据树冠的形状和结构来命名的，如火锅形、圆柱形、扇形、龙干形、疏层形、树篱形等。

2. 树体结构　又叫树形结构，指各种骨干枝和结果枝组在树冠中的分布排列情况。

3. 树形与树体结构的关系　树形是外形，树体结构是内容。树体结构决定树形的性能，树形又可反映树体结构特点。也就是说，当修剪者看到某种树形时，就会自然想到它具有什么样的骨架结构与组成形式。所以，二者是同一个问题的两种说法，丰产树形的树体结构必然是合理的，不丰产树形的树体结构必然是不合理的。果树修剪实践经验证明："只有不丰产的树体结构，而没有不丰产的树形"。

（二）丰产树形结构的特点

1. 符合树性，长势中庸　不同种类与品种的果树，其枝芽特性和生长结果习性有明显的差异。一个果园的目标树形首先必须符合树性，根据树性决定树形，根据树形进行整枝，最终按其树体结构的要求而整成的树冠，在生长方面既不偏旺也不偏弱，处于中庸强壮的状态。

2. 低干矮冠，便于管理　树冠高大，管理不便，常有枝叶多、病虫多、费工多而好果少等弊病。这不仅影响枝果质量，也会加大生产成本。低干矮冠的果树不仅可避免这些缺点，而且能缩短根冠距离，利于果树地下部与地上部养分交流，使树体健壮而延长结果寿命。

3. 分层开张，通风透光　树冠通风透光是果树优质丰产的生态基础。从树形结构上说，各种骨干枝适当的分层排布和开张角度，有利于空气内外交流和光照透入，有利于树冠下部和内膛枝成花结果。

4. 少干多枝，早果丰产　目前矮化密植的果树，骨干枝要少而精，结果枝要多而壮。这样符合幼树的树性和少截多放的原则，有助于早期缓和树势形成中、短枝成花结果。

5. 结构合理，枝叶均衡 各种骨干枝、辅养枝和结果枝组在树冠中应配置得有位有序，从属分明。这样可使枝叶花果分布得均匀平衡，可使树冠对称端正地发展，避免形成偏势生长、偏位结果和歪头斜身的乱形树。

6. 骨架牢固，重载长寿 树体的骨架结构一定要培养得粗壮而牢固，各种骨干枝在结果载重后不能发生明显的变形和生长势衰弱，更不能发生折断或劈裂。这是果树优质高产、健康长寿的基础与保证。

7. 上小下大，树体平稳 在树形建造过程中，要十分注意培养好树冠下部的主、侧枝和结果枝组，而对树冠上部的主、侧枝和枝组应进行适当控制。一般说，对骨干枝实行上下分层配置的树形结构，上层主、侧枝大小不能超过下层主、侧枝的 2/3。同一个骨干枝上的结果枝组也应上小下大。这样，把树冠整成上小下大的造型，可降低树冠的重心，使整个树体显得非常平稳，从而有利于果树抗风和载重。

（三）常用丰产树形及其结构

我国目前生产上的栽植形式与树体类型，有乔化稀植大冠形、矮化密植小冠形和介于这二者之间的中冠形树三大类。

1. 乔化稀植的大冠形 大冠果树目前在我国

仍然较多，即使在今后，由于某些果树本身的生物学特性和某些地区的立地条件、果农素质、栽培目的和生产方式等特殊需要，株行距在 5 米×6 米以上的乔化稀植大冠树还会长期继续存在。

（1）分层开心形　是在过去疏层形的基础上针对其缺点改良而来，但不同的是在 10 年后盛果初期对中心干在中上部保留 6 个主枝进行落头，从而形成上部开心形。基本结构是，留有主干和中心干，在中心干上分上下两层排列 6 个主枝，每层 3 个，上小下大。第一层三大主枝要求大而匀称，产量占到全树 70% 左右，须下工夫培养好。三大主枝间距关系应根据树种品种干性与顶端优势的强弱来决定，干性与顶端优势强的品种应采取邻接式，反之应采用邻近式。干高 50～60 厘米，树高 4～4.5 米，冠径 5～5.5 米，上下主枝的层间距 80～100 厘米（图 20）。

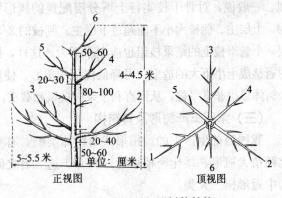

图 20　分层开心层树体结构

　　侧枝的培养要求是枝头必须低于和短于主枝的延长头。尤其是下部第一层主枝上的侧枝配置应规范，在同一主枝上要求上小下大，最好是成层分布。共 4 个，每层左右 2 个，其大小与长势均等平衡，方向与姿势平斜对称，分别伸向主枝两侧稍下外前方。所以，侧枝相对于中心干的开张角度应大于主枝的开张角度。第一侧枝与中心干应保持较大的距离，一般为 50～60 厘米，如果过近容易使其过分加粗形成"把门侧"。"把门侧"的生长容易失控，不仅影响中心干和主枝的正常生长与牢固性，而且容易形成交叉密挤的乱枝，影响树冠下部通风透光条件。第二侧枝与第一侧枝为同层，大小相同，左右均称，其距离可近些，30～40 厘米即可。第三侧枝为第二层侧枝，与第二侧枝距离应更远些，以 60～70 厘米为宜。第四侧枝与第三侧枝同层，大小相同，左右均称，距离可更近些，20～30 厘米即可。所以，第一层主枝上的侧枝数通常以 4 个为好，在此以上的主枝延长头作为一个中心枝继续向前发展，其长势应强于所有侧枝。第二层主枝上的侧枝也可按 4 个培养，但要比下层三大主枝上的侧枝要小，且不能与其主枝的延长头发生竞争。

　　分层开心形是我国目前黄土高原地区稀植苹果生产上表现较好的一个主要大冠树形，比过去的疏层形主枝少、树冠光照好，中后期树势好，果实产量与质量比较稳定。

（2）自然开心形　是没有中心干而只有基部一层三大主枝的树形。主干较低，一般为30～50厘米。主枝在主干上多为邻近形式排布。侧枝培养同分层开心形。树高一般为2.0～2.5米，冠径根据株行距大小而定。邻株之间的主枝延伸方向最好插空相错，不能顶头生长。此形特点是，树冠通风透光好，利于改善果实着色和品质，树冠管理更加方便。目前主要用于桃树等喜光性强的果树。在苹果、梨上采用时，由于主枝少和树冠过于平面化，不利于立体结果而难以提高树体产量（图21）。

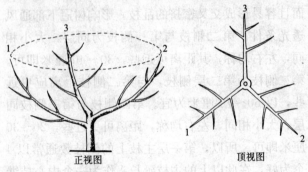

正视图　　　　　　　顶视图

图21　自然开心形树体结构

（3）自然圆头形　也叫自然半圆形，多用于山区管理粗放的干果类果树的改造树形，平地丰产水果园很少采用。整形的方法是，幼苗在一定的高度剪截后，任其自然发展，每年只是疏去过多的枝条，合理安排不重叠也不并生的主、侧枝和结果枝组，其余插空生长的枝条尽量拉平使其成花结果。

经过 7～8 年的培养，留用 6～7 个主枝，自然形成圆头形。冠高和冠径根据具体情况而定。此形修剪量轻，树冠整形技术简单，成形快，结果早。但往往中后期下部和内部通风透光不良，影响立体结果和果实品质，此时需要注意疏除和回缩那些密挤衰弱、挡风遮光的骨干枝及枝组。

2. 半矮半密植的中冠形 目前我国多数果树产区果农技术素质偏低，控冠技术成为果树密植栽培成败的关键。尤其在近年来新发展的产地，多数果园只能从半矮半密植的中冠水平开始，逐步向小冠密植的方向过渡。所以，研究和推广适合于 3～4 米×4～5 米株行距的中冠形，在我国现时条件下具有重要意义。

（1）二层无顶形 此形实际是前述大冠形中"分层开心形"的压缩型。整个树冠的骨干枝和结果枝组都要求上小下大、外稀内密和整体均衡分布特点。具体结构是，干高 40～45 厘米，第一层主枝为 3 个，干性强的品种采用邻接式，干性弱的品种采用邻近式，层内距 10～20 厘米。其上的侧枝分布要求左右对称，培养 2 个。第一侧枝距中心干45 厘米左右，第二侧枝距第一侧枝 25～30 厘米。第二层主枝同样仍为 3 个，与第一层间距 80～90厘米，但要求层内距扩大到 20～30 厘米，并且与下层主枝在方位上要相错排列，不能重叠。大小要求只等于第一层主枝的 2/3 左右，姿势要求比第一层主枝角度稍小，呈斜立生长。各主枝上的侧枝仍然要求 2 个，不过比第一层主枝上的侧枝要小，分布距离要近。上、下各层的 3 个主枝之间要求生长均衡，大小强弱相近。主枝中上部直接培养结果枝组。中心干延伸分直线和弯曲形式，干性弱的品种要求直线延伸，干性强的品种要求平衡弯曲延伸。当第二层 3 个主枝培养完成后，在最上一个主枝上方即对中心干进行落头，使其形成二层开心的无顶形树冠。全树 6 个主枝，树高 3.2 米左右，冠径 3～4 米，6～7 年成形。整形前期在培养好主、侧枝的同时，还要注意在层间多留辅养结果枝。

　　二层无顶形特点是整体均衡，结构牢固。前期骨干枝容易培养，结果早。中后期树冠通风透光好，产量品质高而稳定。尤其是对干性强的品种可防止上强下弱和结果部位外移（图 22）。

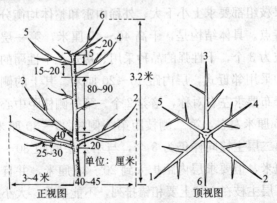

图 22　二层无顶形树体结构

1、2、3. 第一层主枝　4、5、6. 第二层主枝

（2）中冠单层半圆形　原名为小冠单层半圆形，因树高超过3米而将其改名。一般认为，小冠树的树高应在3米以下，超过3米者通常列为中冠类。此形是河北省石家庄果树所在密植梨树上研创的。干高约60厘米左右，树高3.0～3.5米，中心主枝（中心干）轴顶距地面1.6～1.8米，在中心主枝上均匀地螺旋式向四周培养4～6个枝组基轴，轴长30厘米左右。在基轴上培养健壮的长放枝组，每轴2～3个，全树10～12个。也可在中心主枝上直接培养枝组。顶部两个枝组相对绑缚，成45°角斜向行间发展。枝组长度控制在1.5～2.0米。全树只有一层叶幕。树冠垂直厚度2.0～2.5米，冠径3.0～3.5米。此形的特点是以枝组基轴代替了一般树形的主枝，骨架小，加之枝组是在短截分枝后的基轴上经多留长放而形成的，三年即可成花结果，五年就可丰产，7～9年每公顷产量超7 500千克。这种树形的株距2米，行距4～5米较好（图23）。

（3）挺身形　此形是山

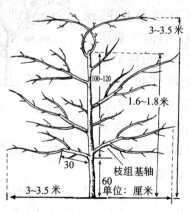

图23　中冠单层半圆形树体结构

东青岛梨区果农创造的无中心干式开心形，由于主枝比较斜立而定名为挺身形。挺身形在其他地区也有应用，树体结构略有变化，依主枝数目不同可分为三挺身和四挺身，生产上主要采用的是三挺身。三挺身与自然开心形结构相似，但一般主干较高，多为 50～70 厘米。三大主枝也较为斜立，基角与主干延长线呈 35°～45°，向上逐渐减小趋于直立。各主枝的侧枝数以 4 个为好，上小下大。侧枝方向应朝主枝背后两侧向外斜上发展。此形特点是通风透光好，利于果实着色与品质；比自然开心形树势强壮，且较适密植，结果面积也有所增大，产量较高。但修剪过重，常有结果推迟现象。目前主要用于干性弱和枝干不开张的梨和苹果上（图 24）。此形若不培养主干，在地面

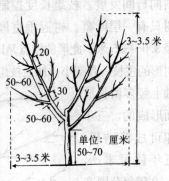

图 24 三挺身形树体结构

直接培养主枝，就成为大体与自然丛状形一样的无干挺身形。

（4）斜十字形 是一种扁影树形。干高 40 厘米左右，在中心干上配置三层主枝，每层 2 个，错位对生。由下向上层间距分别约为 80 厘米和 60 厘米，

层内距分别约为 20 厘米、15 厘米和 10 厘米。主枝的延伸方向是，第一、二层分别沿树行左右呈 30°斜向发展，第三层顺树行直线发展。也可第一层顺行发展，第二、三层分别与第一层呈 30°水平角左右斜十字发展。一般栽植株距较小时采用第一种形式，株距较大时采用第二种形式。各主枝的侧枝数均为 2 个，大体左右对称。主、侧枝的大小、开张角度和间距均为下大上小，可参考二层无顶形培养。在主枝层间的枝条应尽量多留和利用，培养为各种辅养结果枝。树高和行向枝展均为 3.0～3.5 米，行间冠幅 2.3～2.5 米，在株行距相等或株距大行距小的情况下应用较好。此形造形简单，结果早，成形快，树冠通风透光好，利于产量与品质提高（图 25）。

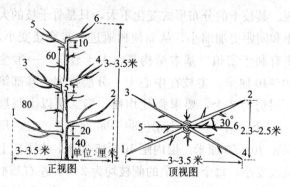

图 25　斜十字形树体结构

1、2. 第一层主枝　3、4. 第二层主枝　5、6. 第三层主枝

3. 矮化密植的小冠形　随着果树生产的发展，新兴的矮化密植栽培制度必然会逐步取代传统的乔

化稀植栽培方式。所以，时代要求我们必须尽快地研究和推广适合于株行距在 3 米×4 米以下密植的小冠树形。这类树形的共同特点是低干矮冠，结构简单，骨干枝小而少；一般干高在 40 厘米左右，树高在 3 米以下（图 26）。

（1）立体形 指树冠可同时向上和向四周立体发展的树形。特点是要求枝条在株、行间都不能碰头交接，而应保持一定的株间窄、行间宽的作业道。从长树和结果两方面来看，此形在幼树整形期树冠能充分向四面八方扩展，前期产量增长快，适合日照充足地区和行距大于株距的栽植结构。立体形的具体树形很多，在此介绍以下 6 种（图 26①～⑥）。

① 小冠疏层形 是过去疏层形的简化和矮化版。其枝干的分布形式变化不大，只是骨干枝的大小和间距更加缩小，从而使树冠进一步变矮变小，更有利于密植。基本结构是，主干较低，一般为30～40 厘米。主枝在中心干上分层排列，基部第一层仍为 3 个，要求强壮均衡，第二层以上每层1～2 个。第一、二层间距80～90 厘米，二、三层间距40～50 厘米。层内距 10～15 厘米，由下向上依次变小。每个主枝上的侧枝均为 2 个，左右基本均衡。第一侧枝距中心干 35～40 厘米，第二侧枝在第一侧枝对面，间距 30 厘米左右。第二层以上主、侧枝要小，距离要近。主枝的中上部直接分布结果枝组。中心干可根据树冠下部光照情况留头或落头。

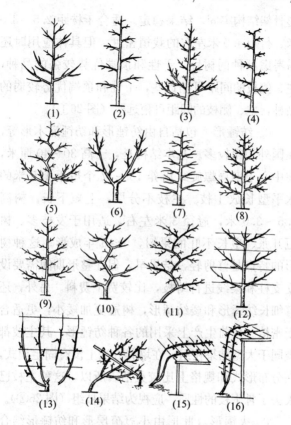

图 26　各种小冠形树体结构

(1) 小冠疏层形　(2) 纺锤形　(3) 火锅形　(4) 圆柱形

(5) 曲干三杈形　(6) 二杈开心形　(7) 自然树篱形

(8) 扁纺锤形　(9) 直干扇形　(10) 曲干扇形　(11) 折叠

扇形 (12) 棕榈叶形　(13) 多主蔓扇形　(14) 匍匐形

(15) 棚架形　(16) 篱棚形

树高 3 米左右，冠径 2.5～3.0 米，5～6 年成形。此形骨架结构牢固，结果稳定，适合于株距 2.5～3.0 米、行距 4.0 米左右的栽植密度。但具体应用时还需考虑品种的树性，干性和顶端优势较强的品种，主、侧枝的间距可稍近些，干性和顶端优势较弱的品种，主、侧枝的间距可稍远些（图 26①）。

② 纺锤形　包括自由纺锤形和纺锤灌木形等，在国外用得较多。基本结构是，干高 30～40 厘米，在中心干四周螺旋式培养 13～17 个短于 1.5 米的水平型长放主枝。主枝不分层，上短下长。树高 2.5～3.0 米，冠径 3 米左右。适用于发枝多、树冠开张、生长不旺的果树，5～6 年成形。这种树形的特点是修剪轻，结果早，但在整形期间需要设立支柱和架线进行缚枝，比较费工费料。另外，还有细长纺锤形和矮纺锤形，树冠更加矮小，更适合于密植。目前生产上采用的各种纺锤形，其主枝都类同于大型结果枝组，在培养方法上没有固定模式，在分布形式和规格上比较灵活。所以，这种主枝已失去了骨干枝的性质，应视为结果枝组（图 26②）。

③ 火锅形　此形由小冠疏层形和纺锤形结合而成，是根据我国实际情况，吸收国外先进经验后总结和试验出来的一种中外结合型混合树形。树体结构是，干高 30～40 厘米，中心干的基部仍然培养出与小冠疏层形一样的三大主枝，中上部不再培养主枝，而采用与纺锤形一样的枝组型结构。树冠的顶端当树高达到一定要求时，对中心干延长头及

时落头，形成开心形树顶。整形的具体要求是，下部三大主枝及其侧枝一定要培养好，在产量上应占到全树的 70％左右；中上部枝组配置要大、中、小结合，螺旋式排列，但培养方法和间距有所不同。大型枝组类同于侧枝，通过先截后放的方法培养，主要分布在中心干的中部，共 3 个，螺旋式上下错位排列，不能与下部主枝重叠，间距 30 厘米左右。中、小型枝组则用先放后缩的方法培养，只是中型枝组主要分布在中心干的上部，间距稍远，大多 20～25 厘米；小型枝组见空培养，多穿插在大、中型枝组的中间，间距稍近，大多 10～15 厘米。这样培养出来的树形外观如火锅，所以称为"火锅形"。树高 3 米左右，冠径 2.5～3.0 米，5～6 年成形，适合于株距 2.5～3.0 米、行距 4.0 米左右的栽植密度。此形的特点是，集中了疏层形骨架牢固、结果稳定和纺锤形修剪量轻、结果早等二者的优点，符合"有骨头有肉"的整形修剪原则。特别是结果枝组的大小与组型不是一种模式，多样化的枝组相互之间弥补性强，能充分发挥各自的优点利用空间结果。所以，树势健壮稳定，能长期优质丰产，结果寿命也长（图 26③）。

④ 圆柱形 此形树体结构非常简单，在中心干上不培养主、侧枝，直接排列大中型结果枝组。为考虑树冠光照条件，枝组在分布上应注意上小下大，轴长不超过 50 厘米，间距保持 30 厘米以上，

小枝的间距也要保持 10～20 厘米。5～6 年成形，树高 2.5～3.0 米，冠径 1.2～1.5 米，适于高度密植和简化修剪。在应用时，要注意及时回缩更新三年生以上的衰弱枝组（图 26④）。

⑤ 曲干三杈形　也称倒"个"字形，是经过多年实践总结出的一种简化树形。结构是干高 35～40 厘米，中心干弯曲上升，在其基部只培养两个相距 10～15 厘米的对生主枝。主枝的延伸方向可顺行发展，也可向行间发展，但向行间发展时株间不能相接交叉。主枝的基角和梢角均为 55°左右，腰角 70°左右。在每个主枝上培养间距约为 15 厘米的两个侧枝，分别配置在左右两侧，延长头各自向树冠外侧的行间斜向发展。第一侧枝距主干约 25 厘米。中心干要求每年交替分别向二主枝延伸方向呈 15°斜线做平衡回折性弯曲。第一次弯曲应向下位第一主枝的一方弯斜。在每个弯曲部位的外侧培养好一个大中型结果枝组，在直干段的中部两侧培养好 2～4 个中小型结果枝组。树高和沿主枝冠径均为 3 米左右，垂直于主枝延伸方向的侧生枝冠径 1.2～1.5 米。此形造形技术简单，树冠通风透光好，不仅适于密植和有利于提高树体的产量与品质，而且还能有效地控制上强下弱（图 26⑤）。

⑥ 二杈开心形　也叫"丫"字形，由三杈形去掉中心干后改进而来。主干、主枝、侧枝的结构和曲干三杈形基本相同，只是主枝的姿势比较直

立，与主干延长线约呈 45°角斜向直线发展。此形的骨架结构更加简化，通风透光性更好，适于密植果园改善果实的品质。由于主枝是向行间培养和发展，所以适用于株距小、行距大的栽植形式（图 26⑥）。

（2）篱壁形 指树冠只能顺行向发展，使枝条在株间交接形成垂直平面树篱的树形。此形适合光照较弱地区和行距较小或株行距相等的栽植结构。特点是树冠在行间有间隔，在行内形成连续的薄层立面叶幕，光线透入多且分布均匀，利于产量、品质提高和树冠管理。根据有无支架辅助可分为树篱形和架篱形两种。

① 树篱形 此形是指树冠的整形修剪不需要设柱立架作辅助。其树篱宽度一般控制在 1.5 米左右，具体树形包括自然树篱形、扁纺锤形、直干扇形、曲干扇形、折叠扇形等（图 26⑦～⑪）。

② 架篱形 指树冠的整形修剪依靠设柱立架来固定枝干位置和姿势。此形整枝容易费工少，但设柱架线费材料，整枝作形成本较高。树高 2.0～2.5 米，篱宽 0.5～1.0 米，顺行枝展 2.0～2.5 米。架篱形主要有棕榈叶形和多主蔓扇形两种树形（图 26⑫～⑬）。棕榈叶形主要用于苹果、梨等乔木果树，其基本结构是，中心干上顺树行沿直立平面有规律地分布 6～8 个主枝，主枝上直接培养各种类型的结果枝组，有的可继续分叉形成扇形结构（图 26⑫）。多主蔓扇形主要用于葡萄等蔓性果树，

基本结构是由多条主蔓组成，每主蔓上又分生出几条侧蔓，在侧蔓上配置结果母枝。主、侧蔓都呈扇状排布在篱架面上。也有的不培养侧蔓，在主蔓上直接配置结果枝组（图26⑬）。

（3）平棚形　将果树的枝干引缚到一个近水平或倾斜的平面上，从而形成一种叶幕连续、冠似平棚的树形。其优点是整形容易，管理方便，叶幕层薄，光照好，利于改善果实品质和减轻风害落果，缺点是产量难以提高。主要用于气候寒冷、台风频繁等气候比较恶劣的地区。此形在乔木果树上主要有匍匐形和棚架形两种整形方式。

①匍匐形　是一种适于北部寒冷地区匍匐栽培果树的整形方式，在生产上应用的主要是匍匐扇形。该形由分布在同一个平面的3个同向主枝构成，中间一个较大，两侧两个较小，在主枝上直接配置各种大小和形状的平斜枝组。整个树冠要求扁平疏展，向一个方向生长。树冠整形要注意树干的斜度和主干、主枝、树冠距地面的高度。一般树干与地面的斜角为30°～45°，上部主干、主枝距地面15～20厘米，树冠距地面25～40厘米。整枝的主要方法是扣压，要求每年对骨干枝延长枝用带钩的木桩或树枝向近地面下拉，使其呈水平状态。同时为了避免枝多密挤所造成的通风透光不良，对一些较大的非骨干枝也要采取扣压，将枝组疏散摆匀，有目的地填补树冠的空隙。对一些直立旺长的单条

枝也可用石块和土块直接将枝头压在地面，待结果受压使姿势得以平斜矫正后再做回缩。这种匍匐整形的方式十分有利于埋土防寒和树体管理，而且能减少某些病害（图26⑭）。

② 棚架形　是一种通过人工搭架拉线将枝条引缚成近水平或倾斜平面的树形。一般用于葡萄等蔓性果树，但在风害较多的地区也常用于苹果、梨等乔木果树上。从骨干枝在棚架平面上的分布形式上说，具体的树形主要有 T 形、H 形、X 形、龙干形和扇形等（图26⑮）。

（4）篱棚形　此形是篱架形和棚架形的混合形，生产上用得较少，主要用于庭园美化中的观赏果树。树冠的整枝形式通常与架式相配套，一般是开始先按篱架形整枝，达到一定高度后随其枝蔓生长在顶部形成棚架形（图26⑯）。

（四）树冠整形的过程与方法

1. 定干　为了促使定植后苗木在整形带内多发枝，对其在一定高度进行剪截的方法叫做定干。定干目的有三：一是促进发大枝条为选留主枝提供条件，二是确定具有同一高度的主干和全园整齐一致的树冠，三是与地下部受伤缩小了的根系相平衡。整形带是指在定干后剪口芽以下预选和培养主枝的枝段。所以，定干的高度应是主干高度加上整形带宽度，一般是在离地 65～75 厘米处统一剪截定高。乔化树可高些，矮化树可低些。整形带内应保留 8～10 个饱满芽，宽度大体为 20～30 厘米。定干时期一般在定植后第一年萌芽之前进行。萌芽率高、成枝力强的树种品种可一次定干即成，但萌芽率低、成枝力弱的品种可采用两次定干法和计划刻伤法，以提高发枝数。两次定干法是第一次在萌芽前进行预定，剪截部位可适当高些，一般可多留 2～3 个芽，当芽刚刚萌发后再剪掉顶部多留的芽，进行第二次定干，这样可削弱顶端优势，促使多发中长枝。计划刻伤法是于萌芽前对需要发枝的芽在其上方进行目刻，以促使适时萌发形成长枝（图 27①②）。栽植后有些不够定干高度的弱小苗，也应在中上部饱满芽处剪截，当顶枝生长一年后，第二年达到定干高度时再行定干，但绝不可在栽植当年放任不剪或勉强在不饱满芽处定干。定干后整形带以下萌发的嫩梢，少数过于靠近地面 30 厘米以下的可行抹除以外，30 厘米以上稍高部位的均可暂时保留，以利树苗长枝和发根（图 27③④）。

2. 中心干和主枝选留与培养 幼苗定干发枝后应及早注意中心干和主枝的选留培养，其方法要依具体的目标树形而定。中心干在直线延伸时，一般选剪口下第一枝作延长头。曲线延伸时，用剪口下角度较大的第二枝（竞争枝）作延长头而将第一枝去除，所以中心干延长头在每次短截时应特别注意下年萌发新头的芽位与方向。为了使树冠中上部保持平衡，要求与上一年延长头的发枝方向相对发

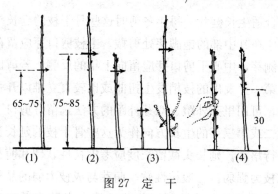

图 27　定　干

展，不能年年在同侧选留而使中心干朝一侧倾斜。
一般干性弱的品种用直干，干性强的品种用曲干，
以防将来出现上强下弱的不平衡现象。

　　中心干选好后开始选留主枝。首先根据树性与
整形目标决定主枝在中心干上排列是否分层，然后
再决定分层排列时在层内是邻接还是邻近配置。主
枝分层排列时 1～2 年可完成一层，不分层时一般
每年只能选留一个。分层的主枝在层内排列形式有
邻接和邻近两种，干性强的果树用邻接配置，干性
弱的果树用邻近配置。邻接时主枝的间距为 6～8
厘米，邻近时主枝的间距为 10～15 厘米。主枝的
角度和层间距应根据选定的目标树形结构进行调整。
第二层以上的主枝不宜选留过早，应在第一层主枝
培养出侧枝后再进行选留和培养。否则，干性和顶
端优势强的品种将来树体容易发生上强下弱的现象。

　　选留下来用作培养中心干和主枝的枝条必须方

位合适生长健壮。每年冬剪时这些骨干枝的延长头都应在其中部的饱满芽处剪截。主枝剪口芽应留在外侧芽，中心干剪口芽应留向上年的反侧。若剪口下第一芽发出的枝梢发生扭曲或比较直立难以开张时，可用里芽外蹬、双芽外蹬的方法选留好剪口下第二或第三芽的生长方向作为这些骨干枝的延长头另行培养。延长头截留长度应考虑枝性软硬和萌芽成枝力强弱。一般枝性软、萌芽与成枝力弱的品种应适当重截，枝性硬、萌芽成枝力强的可适当轻截，以防将来中下部缺枝光腿。其余的非骨干枝条均可留作辅养结果枝（图28）。

3. 侧枝选留与培养　在短截后的主枝上应时刻注意侧枝选留和培养。适作侧枝的是位于主枝两侧的长壮枝，但生长方向应低于主枝，并朝向树冠外侧平斜发展。侧枝的延长头同样需要每年在中部饱满芽处短截，同时也应考虑枝性的软硬和萌芽成枝力强弱来适当调节剪截的重轻。侧枝剪留的长度应短于主枝延长头，一般为短截后主枝延长头的2/3左右，剪口芽的方向朝外。主枝上其他枝条可根据空间大小留作辅养结果枝，但要注意控制，不能与主、侧枝的延长头争夺位置和空间，尤其在生长势力上要明显弱于主、侧枝（图32②～③）。

4. 辅养结果枝留用与控制　果树整形的早期，除骨干枝以外主要是在中心干和主枝上插空培养一些不拘任何形式的辅养枝。这些辅养枝的作用，一

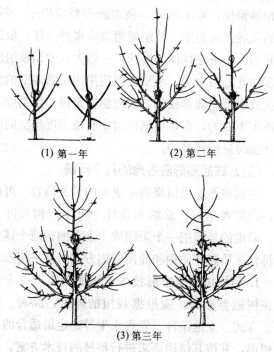

(1) 第一年　　　　　(2) 第二年

(3) 第三年

图 28　幼树冬剪整形过程（二层无顶形）

是保护所在此段枝干免受日晒灼伤，二是大量合成
积累有机养分以辅养枝干，三是尽快形成中短枝成
花结果。所以，辅养枝又称辅养结果枝。但在整形
的中后期，由于树冠的主要骨架结构基本形成，树
体以后的主要任务应转向结果，所以除辅养枝外还
应十分重视结果枝组的培养，并注意它们分布合
理、姿势正确和组型多样。一般说，枝组的分布在
整体上应做到上小下大，外稀内密；在局部上应做

到相邻错位，互不遮光。枝组的姿势应以平、斜、垂的发展方向为主。枝组的组型应多种多样，根据空间的大小决定具体的形状。一般大、中型枝组应以多轴开心型为主。小型枝组应采用灵活多变的无形长放组型。辅养枝和结果枝组在果树一生当中不是固定不变的，而是根据树冠中枝条密度与空间的变化随时进行转换的。

（五）树冠整形应考虑的几个问题

树冠整形是果树修剪中重要的任务内容。可以说，修剪者学习、总结和设计一个丰产树形并不难，而难的是能把一个果园成千上万的树冠个体整成符合优质高产原理和简便管理方式的统一树形。

1. 目标树形与整形技术方案的确定　一个果园在树冠整形时，应根据栽植的树种、品种、密度、方式、立地条件、管理水平等确定最适合的目标树形，并按其结构要求进行整枝的技术方案，包括树冠大小、骨干枝配置方式和整枝技术等。

2. 果树一生中树形的转换　任何一种树形都不可能连续适合不同年龄时期树性变化的要求，这就要考虑目标树形的适时转换。比如，苹果树在幼龄期迅速扩大树冠以此来增加结果面积是主要问题，而树冠的通风透光条件一般不会影响到树体生产，所以这时可采用小冠疏层形暂时保留中心干延长头的树体结构；树体进入盛果期以后，随着枝条的增多并在空间上发生密挤，树冠内膛的光照明显减弱，这时无效枝叶增多，光合产物积累减少，成为影响树体产量与品质的主要因素，所以这时应对中心干进行落头开心，并对上部主枝进行归层，使其树形转换成内膛光照较好的二层无顶形；当树体进入衰老期以后，由于枝干过长过老出现碰头交叉和下垂衰弱，需要对主、侧枝留上枝上芽回缩，以抬高角度强化树势，同时考虑可能带来影响内膛光照的新问题，可对着生上层主枝的中心干进一步向下回缩落头，将树形转换为仅有基部三大主枝的开心形。

3. 整形修剪技术作业的连续性 果树树冠整形的过程实质上是骨干枝培养的过程，因而在修剪操作上应有一定的连续性。为了使树冠早成形，要求修剪者每年都要不间断地利用冬、夏剪系统配套的整枝技术，及时去除不规则枝条，保证各种骨干枝正常生长，并尽量使每次培养修剪的意图明确，以便他人接续修剪时容易判断和处理。

4. 枝干与枝组的从属关系 多数乔木果树的骨干枝一般有中心干、主枝和侧枝等较多的级次，它们各自之间均要保持明确的从属关系，坚持上级领导下级、下级服从上级的原则。千万不可同等对待让其自由竞争而发生下级与上级争空夺位和抢光拉水的混乱现象。即使矮化密植的小冠形也要保持各级骨干枝与结果枝组在生长位置和势力上的从属关系。在整枝修剪操作中遇到交叉枝时，应时刻注意"临时枝在空间上要给永久枝腾位让路"的原则。为了保持上下级枝的主从关系，首先要保持有足够的粗度差。一般上一级枝的直径应为下一级枝直径的 2～3 倍。增大枝粗的办法是重截增加分枝量，减小枝粗的办法是疏枝减少分枝量。

5. 整形与结果的辩证关系 幼树的修剪任务，一是早成形，二是早结果。如何对待成形与结果的关系，应提倡"边整形，边结果，整形结果两不误"的原则。这就要在同一株树上对众多的枝条根据实际情况进行分工培养。一部分在位置和角度上合适的应培养为永久性骨干枝，要求通过连年的中短截技术使其尽可能分枝、延伸来迅速扩大树冠。另一部分只要有可利用空间，就应培养为临时性的辅养结果枝，要求通过修剪调整和改造后达到姿势平斜或下垂，尽可能使其在辅养树体的同时及早成花结果。所以，幼树修剪绝不可只顾眼前不顾长远，将枝条全部甩放让其结果从而忽视培养永久性的骨干枝。也有人对幼树不培养骨干枝而采用将满树枝条全部拉平甩放使其结果的方法。然而这种树虽然早期产量上升较快，但进入盛果期以后树势往往早衰，容易发生大小年和病虫害，使其中后期产量难以提高和维持，严重时甚至造成整个果园很快衰亡。

6. 变化性密植结构的整形方式 为了同时兼顾果园前、后期产量和质量，近年来在栽植密度上出现了先密后稀的变化性栽植结构，在很大程度上提高了果园早期产量。但也有不少果园没有全面系统地掌握相应整形修剪技术，中后期产量受到了影响。因此，在掌握一般果园整形修剪方法的基础上，还应继续了解先密后稀果园的修剪特点。先密后稀的果园在早期树冠整形时，应分设临时株和永久株。临时株是为了增加果园早期密度和产量而设，不必要求任何骨干枝和树形。当枝叶量达到一定要求后，对临时株在修剪上应尽量控制枝条发展，争取早成花多结果。当随其年龄增大和树冠发展与永久株在空间上产生矛盾时，对临时株应及时回缩甚至去除，而永久株则存在于果园始终，在幼树期就应按目标树形结构要求选留和培养好各级骨干枝，其余的非骨干枝可尽量控制生长，促其成花结果。所以，先密后稀的果园，从树冠个体上说有临时枝和永久枝之分，从果园整体上说有临时株和永久株之分，它们都是结果与整形的"肉骨"关系。在具体修剪操作时，这两者不可不分，更不可颠倒。

7. 随枝灵活整形是有条件的 近年来，不少人提出"因树修剪，随枝作形，有形不死，无形不乱"的整形修剪原则。实际上，这四句话中对正常果园来说有两对两错，"因树修剪"和"有形不死"是对的，"随枝作形"和"无形不乱"是欠妥的。笔者认为管理正常和新建幼龄果园的整形，应该是"剪树有据，整树有形，按形整枝，自始至终，枝序合理，内外见光"。因为"随枝"发展就无所谓"作形"，"无形"剪树就不可能"不乱"。不然，为何说"无规不成圆，无矩不成方"。虽然也有"多顺自然，灵活整形"的提法，但是有条件的，主要是对放任荒长树的改造和加密临时株的修剪而言，对正常树和永久株并不提倡"随枝作形，无形剪树"的剪法。所以，随枝灵活整形应注意特定的条件。

二、辅养枝留用与控制

（一）辅养枝的选留与培养

辅养枝是幼树最早结果枝的前身。在果树整形前期，树体小，光照问题不突出，只要不妨碍骨干枝的生长，辅养枝就应该尽量插空多留。培养辅养枝的原则是灵活多样，互不干扰。在方法上多采用轻剪长放，疏旺去密，缓出中短枝，促进其早成花早结果。具体修剪时，应根据它们各自不同的着生姿势和生长强弱采取不同的技术措施。一般是姿势平斜的中庸枝可缓放不动，姿势直立的强旺枝可利用扭、拿、别、圈等削弱改向措施先行改造，使其生长势力得到适当控制后再将其甩放。对有较大发展空间的辅养枝则可适当短截，增加分枝后再行甩放，以扩大将来的结果面积。较大的辅养枝还可通过环刻、环剥和倒贴皮等造伤措施促其成花坐果。所以，强旺的辅养枝关键在于削弱控制，最有效的办法是加大角度配合造伤。

（二）辅养枝的控制与回缩

随着树体年龄增大，树冠中骨干枝和辅养枝都在不断发展而争夺空间，这不仅扰乱它们之间从属关系，也影响树冠光照。所以，到了整形后期，树体有了较大产量后，对前期所留用的细长下垂和重叠交叉的辅养结果枝应用"甩辫""戴帽"等方法进行回缩。对过密枝适当疏除，以保证骨干枝正常发展和树冠良好的受光条件。回缩时应留用上芽上枝当头，以抬高角度促其复壮（图29）。

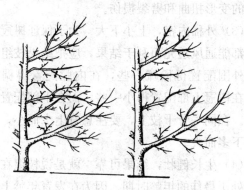

图29　辅养枝的控制与回缩

三、结果枝组培养与管理

（一）结果枝组的培养方法

结果枝组培养是指结果枝组在位置、大小、组型与结构上的建造过程。这一工作实际上是在树冠整形的初期从留用辅养枝时就开始。

1. 培养枝组的原则要求

（1）有大有小，组型各异　就是说枝组在骨干枝上的分布应根据具体情况培养成体积大小不同、分枝组型各异的结构形式。一般认为，越是多样化的枝组越有利于结果和修剪。单一化的枝组不仅结果不稳，而且修剪时调整的余地也不大。

（2）大小相间，均衡有序　就是说不同大小的枝组在骨干枝上应相间排列、插空错位。在树冠总体上分布得均衡有序，以保证骨干枝在结果后不发生大的变形扭曲和劈裂损伤。

（3）外稀内密，上小下大　为了保证树冠上下内外都能通风透光而利于结果，应把结果枝组在树冠的外围配置得稀疏一些，在内膛配置得稠密一些，在树冠上部配置得小一些，而在下部配置得大一些。在同一骨干枝上，要注意背上少而小，两侧和背下多而大。

（4）生长健壮，结果可靠　就是说枝组在结果时应处于最佳的年龄时期。因为在发育年龄上最适合的枝组，在营养的合成与分配、消耗与积累方面具有比较协调的运转节奏。这样的枝组生长发育壮实，结果优质可靠。

2. 培养枝组的技术方法

（1）先放后缩法　先把枝条长放不动，当其缓出中短枝成花结果后再在下部分枝处回缩。这叫"放长线，钓大鱼"。此法主要对生长势力比较中庸的平斜和下垂枝应用效果较好。比如，老品种红玉苹果树在结果枝组修剪时就常有"一甩一串花，一堵一穗果"的经验说法（图30①）。

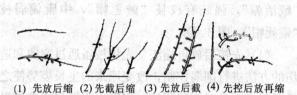

(1) 先放后缩 (2) 先截后缩 (3) 先放后截 (4) 先控后放再缩

(5) 先截后放再缩　(6) 连续短截　(7) 疏养结合

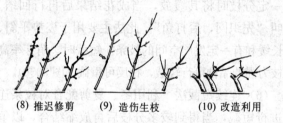

(8) 推迟修剪　　(9) 造伤生枝　　(10) 改造利用

图 30　结果枝组的培养

（2）先截后缩法　对枝条先行短截，下年修剪时再对分生的新梢去强留弱，去直留平，回缩到下部生长角度较平斜的弱枝处，使其成花结果。这叫"先做钩，后钓鱼"。此法主要适用于姿势比较直立的中强枝在较大空间处培养多轴开心的中型枝组（图30②）。

（3）先放后截法　对枝条先放不剪，下年在延长枝基部再"戴帽"短截，促使萌生中短枝成花结果。这叫"一线多钩，必有鱼收"。此法主要用于单条独伸枝向中小枝组的转化改造。一般强旺枝"戴活帽"，强旺有权枝"戴歪帽"，中庸偏弱枝"戴死帽"（图30③）。

（4）先控后放再缩法　先将枝条通过弯曲和造伤的方法进行削弱控制，改变原来的生长姿势使之呈平斜或下垂时则行缓放，当甩出中短枝成花结果后再逐步进行回缩。这叫"先支杆，后引线，钓到鱼后再收杆"。此法多用于生长势比较强旺的直立枝（图30④）。

（5）先截后放再缩法　先对枝条适当短截，得到一定分枝时将其缓放，当成花结果后再行回缩。这叫"先织网，后打鱼"。此法主要用于姿势平斜、生长缓和有一定发展空间的枝条。短截时，萌芽率高成枝力强的品种可行轻截，相反可重截（图30⑤）。

（6）连续短截法　利用冬、夏剪配合对枝条连续进行短截，当得到较多分枝后再放缩结合，以争取较大的结果面积。此法叫"广撒网，多捞鱼"，能有效地控制结果部位外移。主要适合于萌芽率低、成枝力弱的品种和空间大、枝条少的部位。有以下两种用法。

① 轻重结合截　对枝条在连续进行短截时，长留轻截和短留重截两种方式应相互结合和交替使用。此法主要用于有较大生长空间的大中型多轴枝组的培养（图30⑥）。

② 连续超重截　对枝条在连续进行短截时，

要求每次都是在枝条的基部留 3～4 个瘪芽进行弱化的超重剪截。由于这样培养出的结果枝组短枝多且十分紧凑，又称"短枝化修剪"。对果树长期使用连续超重截的方法，可使树体矮化，利于树冠通风透光和内膛结果，防止结果部位外移。从树性上来说，此法适用于枝条基部容易发枝的品种，对超重截后单条换单条的品种不宜使用。从经营管理方式上来说，此法适用于高度集约化管理的果园。从修剪时期上来说，更适合冬、夏剪结合连续重截。但要注意有些品种在第一次超重截后若有发旺枝的情况，则需在下一次修剪时去强留弱、去直留平，对所留枝再行超重截，便可达到缓和枝势，得到比较理想的短枝化枝组。

（7）疏养结合法 有些树冠内膛过于密挤而瘦弱的枝条，只有疏除一部分和留养一部分才能改善光气条件和调节营养分配使其枝组逐渐复壮起来。这是一种去密成稀、弱枝壮养，以提高枝叶质量为根本途径的修剪方法。相反，若对这些过于瘦弱的枝条进行短截，不仅难以发出新枝，而且还容易造成被剪截枝条失水干枯（图 30⑦）。

（8）推迟修剪法 有些生长较旺但难以发枝而常单轴延伸的品种，为了缓和枝条生长势和提高发枝率，可将冬剪推迟到萌芽后进行花前春剪。这样有利于削弱顶端优势，增加中短枝，促使成花结果。但要注意推迟修剪法不能连年使用，否则容易造成树势衰弱（图30⑧）。

（9）造伤生枝法　在"光腿"大枝中下部无枝无叶的空缺处，可通过环割、环剥、倒贴皮等造伤方法使其潜伏芽萌发形成新枝，然后再通过其他方法培养为结果枝组（图30⑨）。

（10）改造利用法　一般说不规则的枝条应该及时疏除掉，但有些处于树冠空缺部位的也可以通过改造后加以利用。比如光秃无枝区的徒长枝和直立枝，就可以通过弯曲、造伤或重轻短截交替使用加缓放等方法来进行改造，使其形成枝组开花结果（图30⑩）。

以上十种培养结果枝组的方法，前四种是基本的和主要的，后四种是补充性和辅助性的。剪树时应根据具体的树性、枝性、芽性等实际情况灵活掌握和运用。实践证明，对全树甚至全园用单一的方法都难获得理想的效果，而应该以某些方法为主同时兼用其他方法。所以，在同一株树或同一个骨干枝上培养结果枝组时，为了使将来形成的枝组在大小和组型上多样化，必须是多种方法相互结合，有计划、有目的地在技术上进行合理调配和交替使用。

（二）结果枝组的修剪管理

1. 修剪枝组的原则要求

（1）通风透光原则　枝组之间应保持一定的距离，应相互插空错位，不能交叉和重叠，以使整个树冠上下和内外始终保持良好的通风透光条件。

（2）枝势中庸原则　枝组在结果后应保持生长势处于中庸健壮状态，而不能衰弱无力。从全树来说应有 15%～20% 的长枝量。这就要在修剪时做到按势留果，以果调势，强枝多留，弱枝多疏，保持一定的枝叶量。因此，冬剪时应考虑花芽与叶芽的比例，夏剪时应考虑果实与叶片的比例，经常协调结果与生长的关系。

（3）三配套原则　树体要长期优质丰产，就须用修剪技术培养好由结果枝、成花枝、发育枝共同组成的三套枝。这样在枝组内就可做到每年轮替结果和更新老枝，防止"大小年"。

（4）从属分明原则　同一个骨干枝上的任何结果枝组，应始终保持与骨干枝的从属关系，在生长高度和强度上均不得超过骨干枝的延长头。若有超过可按"犯上作乱"依法回缩论处。

（5）互不交叉原则　结果枝组虽可不拘形式灵活地进行培养，但互相之间不得发生交叉，若有交叉应酌情回缩，从而避免在刮风时相互摩擦，碰掉花果和磨伤枝皮。

（6）酌情灵活原则　修剪枝组的具体技术方法不像培养骨干枝那样严格要求，在不出现原则问题的前提下可根据实际情况灵活多变。比如，在骨干枝延长头遭受意外折断后，可在枝组内中心轴的上部培养一个小延长头，并适当抬高其角度，扩大利用空间的体积。

2. 修剪枝组的技术方法

（1）不同大小枝组的修剪　大中型枝组由于分枝多体积大，在组内按三套枝要求更新轮替结果较容易，修剪时应根据各个枝条生长状态有截有放，截放结合，在每个枝轴上选留一个中庸偏弱带头枝。小型枝组由于分枝少体积小，不易做到组内更新，修剪时应注意相邻枝组之间轮替结果，在每个枝组内可不留带头枝（图31①）。

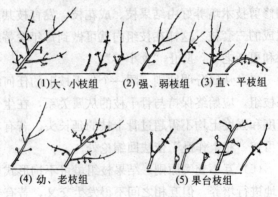

(1)大、小枝组　(2)强、弱枝组　(3)直、平枝组

(4)幼、老枝组　　(5)果台枝组

图31　各种枝组的修剪

（2）不同强弱枝组的修剪　强旺枝组应去强留弱，轻截缓放，多留花果，并配合环剥、环刻和弯曲等造伤措施使其生长势力得到削弱。衰弱枝组则相反，应去弱留强，适当重截少留花果。生长势中庸的枝组可截放结合，适留花果，按上一年情况修剪（图31②）。

（3）不同姿势枝组的修剪　过于直立的枝组一

般生长势较旺，修剪时先要加大角度使其平斜，然后去直留平，去强留弱，配合造伤技术和多留花果适当削弱其枝势。对下垂衰弱的枝组则应抬高角度留上枝上芽当头回缩，然后去平留直，去弱留强，恢复枝势（图31③）。

（4）不同年龄枝组的修剪　枝组的年龄直接影响其结果能力。每种果树的枝组都有最适合的年龄时期，一般苹果、梨3～5年，枣3～7年。枝龄过于幼小和老化都会使花芽分化及坐果结实的质量降低。所以，从修剪方法上说，幼龄的枝组应多放，适龄的枝组应疏密，老化的枝组应更新。从剪截程度上说，幼者宜轻，老者宜重，中者不轻不重维持现状。从花果留量上来说，幼者宜多，老者宜少，中者不多不少以优质丰产稳产为主（图31④）。

（5）果台枝组的修剪　果台是枝梢上着生果实后发生膨大的瘤状物部分。果台在着生果实的同时还可发生新梢，称为果台枝或果台副梢。果台枝当年成花，下年结果，称为连续结果。但连续结果2～3年后，结果质量下降，而且引起枝势衰弱。果台可贮藏大量的养分供给果实和果台枝生长发育需要。在营养不足的情况下，果实抢先夺取养分使果台枝生长不良，甚至难以抽生。所以，果台枝抽生的多少和生长好坏是树体和结果枝营养水平的重要标志。生产实践证明，不易抽生双果台枝的品种，在肥水良好的情况下也可抽生双果台枝。

果台枝的修剪应根据其数量、性质、强弱和年龄等情况进行。一般双果台枝若均为花芽枝，可留一截一，一般留强截弱。剪截的长短应根据全树枝条的多少而定，枝多时应轻截以防枝条过密，枝少时应重截以促进分枝。若一个花芽枝一个营养枝时，应留花芽枝，缓放营养枝。若两个均为营养枝时，可缓强截弱；对于单果台枝，可将相近的两个看成是一个双果台枝，根据以上方法修剪；对于无果台枝的光秃果台，可破台剪截促发果台枝；对老龄果台枝应回缩到下部新生的结果枝处，以降低结果位置（图31⑤）。

第五讲
结果树管理修剪

结果树是指幼树开始开花结果到成年丰产期结束这一年龄阶段的果树。果树在结果期阶段的主要树体特征就是，成花结果能力不断增强，产量高，质量好，经济效益高；长旺发育枝逐渐减少，中短结果枝逐年增多，树势健壮稳定；但由于树冠增大和枝叶量增加，枝条容易密挤交叉，常常导致树冠内膛和中下部通风透光不良从而产生无花无果、无枝无叶的光秃区，结果部位发生外移。所以，结果期果树修剪的主要任务就是要加强结果枝组的调整与管理，保障树冠通风透光和优枝优芽结果，维持树体优质丰产状态。

一、生长与结果平衡调节

果树生长与结果平衡是指整个树冠上下内外其生长与结果两个方面的发育进展应保持基本均等和协调，不能发生偏势生长而形成畸形树冠，不能出现偏位结果而造成结果部位外移，不能由于生长与结果之间的关系失调而产生大小年现象。从修剪上来说，树冠平衡主要包括树体生长平衡、结果平衡

121

和生长结果平衡。这三方面的平衡调节技术措施是
果树优质丰产和健壮长寿的重要前提与基础。

（一）树体生长的平衡调节

树体平衡生长就是指同级骨干枝之间及各部位
结果枝组之间在生长势力上均衡发展。

1. 骨干枝平衡 同一层次的同级骨干枝每年
的剪留长度、延伸角度和生长势力都应均衡发展。
上下不同层次的同级骨干枝虽然在大小上可有所差
异，但生长势力仍要求基本均衡。主、侧枝均应如
此。骨干枝平衡生长是树冠平衡发展的重要保证，
是幼树每年整形修剪时最主要的工作内容。

2. 结果枝组平衡 枝组的生长势力与所在骨
干枝的生长势力有密切关系。一般骨干枝延伸角度
比较直立时，连同其上的枝组生长势都比较强旺。
骨干枝如果下垂衰弱，其上的结果枝组也必然瘦弱
无力。所以，枝组的平衡应在骨干枝平衡的基础上
进行，枝组在生长过旺时，往往首先需要开张骨干
枝的角度，然后再平衡枝组的生长势力。同样道
理，枝组生长过弱时，也应首先抬高骨干枝的角
度，然后再留上枝上芽剪截枝组。否则，即使运用
了修剪措施，也难以达到调节枝势的修剪目的。

（二）树体结果的平衡调节

树体结果的平衡是指果实在树冠中各个部位的
分布应当达到基本均匀，而且密度适中。这样有利
于营养物质在枝干中平衡积累和树冠立体结果，也

有利于枝干平衡生长和正常延伸。大果型宜远，小果型可近。这种留果方式是保证果个均匀和果形端正的有效措施。

（三）树体生长与结果的平衡调节

果树生长与结果是一种对立统一的辩证关系。生长可为结果扩大面积和积累营养物质。结果可使生长趋向缓和，减少徒长，提高质量。然而，任何一方发育过盛都会引起营养上的无效消耗增加，而削弱另一方正常发展。所以，生长与结果之间应有一种平衡协调的比例关系，而且这种关系需要经常用修剪的方法来进行维持和调节。

1. 旺树缓势与促花促果　果树冒条生长过旺，会减少营养积累而影响花芽分化和坐果发育。所以，促花促果的前提条件是缓和生长势力，增加养分积累。一切能削弱枝势增加中短枝的修剪措施均有利于成花保果。

2. 弱树复壮与疏花疏果　树体衰弱多是由于营养不足与结果过多所造成，因而弱树的复壮重在加强土肥水营养管理的基础上做好疏花疏果。

（1）疏花疏果的依据

① 按叶枝果枝比疏留　叶枝果枝比是果树冬剪和春剪时留用结果枝多少的一个重要依据。北方多数落叶果树的生长枝与结果枝比例应为 3～6：1。大果型果树的生长枝可稍多，小果型果树的生长枝可稍少，中果型果树取其中间值按 4：1 疏留。从

树势上说，树势弱者生长枝可稍多，树势强者生长枝可稍少，树势中庸者可取其中间值按 4∶1 疏留。

②按叶果比疏留 叶果比就是叶片和果实的比例，是夏剪中疏留果实的一个重要依据。各种果树合理的叶果比在不同地区有所差异，多数修剪者认为北方主要落叶果树的叶果比应分别为：苹果 30～60∶1，梨 15～30∶1，桃 30～60∶1。一般大果型果树的叶片可稍多，小果型果树的叶片可稍少，中果型果树按中间值疏留。从树势上说，衰弱树的叶片可稍多，强旺树的叶片可稍少，中庸树按中间值疏留。

③ 按果台副梢情况疏留 着生有果台副梢的果树，可根据果台副梢的生长发育情况决定在其花序中的留果数。例如小果型苹果，一个果台只发生一个较好副梢时多留单果，长势强者留双果。有两个副梢时留双果，长势强者留三果。无副梢者一般不留果，需要积蓄养分促其复壮。所以，根据果台副梢数量决定在每花序中留果多少，应主要考虑果型大小。一般大果型的果树最好留单果，中果型的果树可留双果，小果型的果树可根据具体情况留三果。

④ 按果实距离疏留 在树冠中每方圆 15～25厘米留一个果。大果型的可远些，小果型的可近些。另外，留果量还要看与骨干枝延长头的距离远近，一般延长头以下三年生以内不宜留果，三年生以上的远者多留，近者少留。当然，按距离疏留果实还需要考虑树势，强旺树适当多留少疏，衰弱树

适当少留多疏，中庸树按正常情况进行疏留。

（2）疏花疏果的方法　以前疏花疏果的方法是以人工修剪为主，辅助一些化学疏除。人工疏除主要是结合修剪进行，原则是留优去劣。冬剪时可对结果枝进行适当的疏除、回缩、短截和破顶。具体方法首先要看结果枝的密度和长势，结果枝过密而且非常瘦弱时，应先行疏枝和回缩，在留下的花果枝上再隔一去一，然后根据情况在生长期再对花序进行疏花疏果。其次要看结果枝组的组型和年龄，枝组如果细长衰老，则应以回缩和短截更新为主，再结合其他方法在生长期定局。在花芽量不太多的情况下，应以冬季破顶和春季疏花序为主，根据情况需要以后再在夏季的果序中进行疏果。化学疏除的方法由于影响因素较多，其效果目前还不太稳定，为了保险和安全，可先按必需疏除量的一半轻行疏除，其余用人工补充疏除。

（3）疏花疏果的时期与效果　广义地说，控制花果的时期应包括夏秋减少花芽分化和冬剪疏芽、春剪疏花、夏剪疏果等四个管理环节。从节省养分的效果上来说，"疏果不如疏花，疏花不如疏芽，疏芽不如控制花芽分化"。所以，疏除时期宜早不宜迟，最晚应在6月落果以前完成，最好是在前一年夏、秋适当控制花芽形成的基础上，抓紧冬剪时的花芽调整。如果冬剪时有些果树的花芽不易辨认，可适当多留，但要争取在春季花蕾期及早疏花。疏果应主要放在幼果期 6 月生理落果以前进行，以后只是做些少量的调整。疏果时，留果应留发育好的果子，苹果上每个花序留单果时应留中心果，留双果时应留对称的两个边果。梨上一般边果发育较好，应留边果。总之，弱树疏花疏果不仅利于优质高产，而且利于树体复壮长寿。这就是"树势弱，满树花，果子稀少质量差；增肥水，疏花果，树势复壮果子大"的弱树疏花管理经验。所以，修剪果树应做到"以树定产，按产留花，看枝定果，合理负载"。

二、树冠光照的改善

随着树体年龄增长和树冠扩大，果树的光叶矛盾越来越突出，从而直接影响果实的产量与质量。有些大老树之所以枝条多，好果少，多是因为枝叶密挤严重影响了树冠的光照。所以，通过修剪及时改善树冠的通风透光条件，是解决大老树劣质低产问题的根本措施。

1. 落头开心，引进上光 多数乔木果树在整形初期为了使树冠迅速扩大增加结果面积，一般是留中心干。但到了整形后期，当树冠大量结果而且冠内光照明显不足时，需要对中心干的顶端逐渐进行落头开心，使上部的光照能透入到冠内，这叫"打开天窗，引进上光"。中心干落头需注意三点：一是回缩操作要逐步进行，不宜一次下落太狠，否则容易引起冒条，而且造成的伤口较大难以愈合；二是在落头回缩前一二年应事先通过环缢技术削弱上部落头部分的枝势，并形成"蜂腰"便于回缩时操作；三是在顶端带头主枝对侧培养好"跟枝"，其作用是通过其梢叶遮挡强光，保护伤口防止日烧，并调送养分加速伤口愈合（图3）。

2. 回缩清层，增加侧光 树冠扩大到一定程度，需要对主、侧枝的层次和层间进行理顺和清理，主要是疏除和回缩那些缓放时间过长已发生交叉、密挤的辅养枝，以利树冠外侧的光照能透入到树冠的内膛，这叫"打开四门，增加侧光"。回缩清层时应注意骨干枝与辅养结果枝的区别，保持它们之间的从属关系与有序排列。对上层较大和外围较密的枝组也应进行适当疏除和回缩，保持其上小下大，外稀内密的分布结构（图29）。

3. 疏密除乱，改善内光 长期缓放和连续轻剪的果树，在主、侧枝的层间和层内都存在着较多的交叉密乱枝。这时若只清理层间而忽视层内的乱枝，似乎从树冠的整体上解决了光照问题，实际上在较厚的叶幕层内仍然存在着光照不足的问题，久之会使枝芽衰弱而影响其成花结果。所以，在层内及时疏除密乱枝和回缩交叉枝，仍为开通光路减少遮光的重要修剪措施。

4. 抬冠铺膜，用好下光 幼树期在主干和主枝下部所留用的辅养性结果枝，到了结果期后可能会发生下垂着地而影响冠下光照和地面作业，这时可将其回缩甚至疏除，从而使树冠抬高改善树冠下部光照状况和地面作业条件。有条件的果园还可在冠下地面铺设反光膜，更有利于提高树冠下部光照条件，从而显著改善树冠下部果实着色与品质。

三、 树冠大小的矮化控制

目前果树的矮化控制，除利用矮化砧、短枝型、化学抑制剂等措施外，修剪技术仍是一种普遍经常采用的有效手段。

（一）根系的控制修剪

果树的垂直根发育过大，容易造成树冠徒长，影响中短枝形成与开花结果。所以，在肥水条件较好的地区栽植乔化果树时，对幼旺树可通过控制垂直根、培养水平根达到矮化树体促进早结果的目的。果树根系的整体控制可分为以下两个修剪环节。

1. 栽前根系修剪 栽树前，先对垂直大主根进行短截、弯曲、圈盘、打结、撕裂、瓦石块垫底等处理，然后再按一般要求把树苗栽好。也有的在苗圃中利用移栽假植的方法，控制垂直主根，促生侧生须根。这种方法尤其在乔化密植的果园采用后，对控制树体旺长促进分生中短枝成花结果非常有效（图32）。

2. 栽后根系修剪 对定植时没有进行栽前控根措施的乔化幼树，若枝梢生长过旺需要进行断根控制。方法是在距干周30厘米处，夏季进行晒根

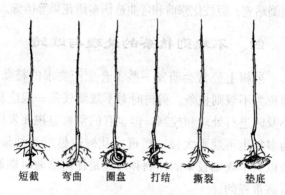

短截　弯曲　圈盘　打结　撕裂　垫底

图 32　栽树时主根的修剪控制

短截，秋季进行深翻改土。这两种措施再与适当控制肥水相结合，均可达到矮化树体的目的。总之，大根出大枝，小根出小枝，直根出直枝，平根出平枝。要使乔化的树体矮化下来，多出短枝成花结果，就必须控制大根促生小根，控制直根促生平根，从根系上通过分散养分来控制树冠徒长。

（二）树冠的控制修剪

树冠控制修剪是乔化树和矮化树都要使用的技术，具有操作安全、效果稳定、运用灵活和容易把握尺度等优点。同时，也容易与化学控制相配合。

1. 矮化整形　运用低干、矮冠、简化树体结构和骨干枝弯曲生长与大角度延伸的树形，作为目标树形进行整形。

2. 矮化修剪　凡是具有抑前促后作用的修剪技术，均可控制树势使树体矮化。具体方法包括主干环剥倒贴皮、短枝化修剪和弯曲造伤多留花果等措施。

四、不规则枝条的处理与改造

果树上经常会萌发一些不合生产要求的枝条，通称为不规则枝条。剪树时对不规则枝条一般应从小及时进行处理和控制，但也有的常被忽视而发展为多年生不规则大枝，严重扰乱树冠整形和结果。所以，不规则枝条的控制和改造是任何修剪时期都应该重视的。

（一）不规则小枝的处理与改造

不规则小枝是指不合要求的 1～2 年生枝，包括竞争枝、徒长枝、直立枝、对生枝、轮生枝、并生枝、重叠枝、交叉枝、三杈枝等。这类枝一般都应进行疏除，少数情况才可改造利用（图 33）。

1. 竞争枝 竞争枝是指枝条短截发枝后延长头下最近的一个枝条。此枝由于是剪口下第二个芽萌发而成，其生长势力与延长头相近而具有争头夺位的趋势，所以叫竞争枝。果树在整形期为了维持骨干枝延长头的生长优势，竞争枝一般要去除掉（图 33①）。少数情况下竞争枝也可留用，但要注意控制，削弱其与延长头竞争的势头。竞争枝的疏除可分一次疏除和两次疏除，一般当竞争枝下邻近的枝条生长较弱时宜采用一次疏除，较强时宜采用先留桩短截，第二年再彻底从基部去除的两次疏除法。如果竞争枝比原头生长健壮而且方向也更加适

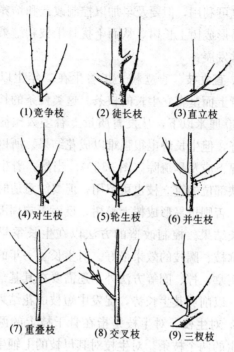

(1)竞争枝　　(2)徒长枝　　(3)直立枝

(4)对生枝　　(5)轮生枝　　(6)并生枝

(7)重叠枝　　(8)交叉枝　　(9)三杈枝

图 33　不规则小枝的处理

宜时，可留竞争枝而剪去原头。这种情况下，一次剪去时叫换头，两次剪去时叫转头。

2. 徒长枝　徒长枝是指多年生粗大枝干的中下部背上或伤口附近的潜伏芽萌发后所形成的直立旺长枝。这类枝条一年生长的长度一般在 100 厘米以上，发育质量差，组织不充实，芽小叶薄消耗大，难以成花结果，修剪时一般要疏除掉（图 33②）。当然，发生在树冠空缺部位和老弱树上的徒长枝也可利用，但要及早加以控制改造和培养，否则容易形成树上长树，从而干扰骨干枝和结果枝组的正常发展。

3. 直立枝　直立枝是指着生在二年生以上枝条的背上而呈直立生长的枝条。这类枝条的长度一般在 60 厘米以下，从发育质量上看多数比徒长枝要稍好，但生长势也很强难以成花结果。所以，一般情况下应及早疏除（图33③）。当然，着生在树冠空缺部位的直立枝也可留用，但要注意适时控制改造，否则也易形成树上长树，反而影响周围枝条的生长结果。控制改造的方法以在生长季早期扭梢、拿枝、圈枝的效果最好。对生长了一年的直立枝除用拿、拧、圈等方法外，还需要在其基部加做环刻，以削弱其生长势，促发中短枝成花结果。

4. 对生枝　对生枝是指在骨干枝上的两侧对称着生的两个枝条。对生枝对其母枝的上轴生长削弱性很强，容易造成"掐脖"现象，影响树冠立体发展和平衡生长。所以，对生枝一般应根据位置和空间去一留一（图33④）。

5. 轮生枝　轮生枝是指在较短的一段枝干上向周围螺旋式排列着生的多个枝条。轮生枝对母枝上轴的生长影响更大，修剪时应间隔留去，一般为留一去一或去二。对留下的还应根据其生长位置、方向和需要进行培养或控制（图33⑤）。

6. 并生枝　并生枝是指在同一水平面上长着

两个以上其距离与方向都较相近的多个枝条。这类枝不仅会削弱母枝的上轴发展，而且随之生长和扩大会造成树冠同侧枝条密挤，影响下部枝条的光照，所以修剪时一般应去一留一。周围有空间时，也可把其中之一通过弯曲的方法拉向树冠其他部位的空缺处，这叫"一留一控"（图33⑥）。

7. 重叠枝 重叠枝是指在同一垂直面上长着两个以上其距离和方向都较相近的枝条。这类枝会在削弱母枝上轴发展的同时影响下位和两侧枝条的光照，所以一般也是去一留一。但当周围枝条稀少时也可将其之一弯曲向附近的空缺部位，这叫"一抬一压"（图33⑦）。

8. 交叉枝 交叉枝是指两个相互碰头而形成交叉的枝条。交叉枝不仅扰乱树形影响光照，而且在刮风时相互摩擦，容易碰掉果叶和损伤枝皮。所以，在修剪时应将交叉枝的其中之一回缩短截，这叫"一伸一缩"（图33⑧）。

9. 三杈枝 三杈枝是指着生在非骨干枝同处，其大小基本均等且分布在同一平面上的三个长条枝。三杈枝结果枝组修剪时应疏除中心枝，而留下两个边枝让其结果（图33⑨）。

（二）不规则大枝的处理与改造

长期放任不剪或修剪粗放的果树，由于不规则的小枝没得到及时处理，久之发展成为不合要求的多年生大枝。这类枝若不及时处理，则会严重影响树冠正常生长结果。处理多年生不规则大枝时应酌情灵活，有些必须从基部整体去掉，有些则可通过修剪改造加以利用。

1. 竞争大枝的压控　多年生竞争枝是影响骨干枝延长头的主要不规则大枝，是放任树修剪时主要压控的对象。方法有三：一是保留原头，将竞争枝通过折伤削弱，再配合环割、拿枝等方法逐步改造为结果枝组；二是保留原头，逐年回缩竞争枝，再配合其他方法逐步改造为大小适合的结果枝组；三是先采取折伤，等下部的结果枝组培养好后再回缩掉上部折伤的枝条（图34）。

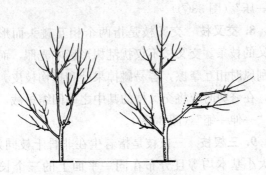

图34　竞争大枝的压控

2. 直立旺长不结果大枝的改造　在土肥水条件较好但修剪非常粗放的果园，此类枝条较多。其改造的方法关键是开张角度，将直立的姿势改变成平斜的状态。当枝条过于粗大难以开角时，可用前述"取木抽垫再顶拉"的方法在晚春早夏生长期进行拉枝改造，同时注意伤口消毒与保护。然后再配合环剥、刻伤、拿枝、扭梢等其他抑前促后的方法，即可达到促花结果的目的。在枝条较多过于密挤时，可去直留平、去强留弱疏掉一部分。在下部有较好的平斜枝时，可将上部直立旺长的部分回缩掉（图19、图13②）。

3. 霸王大枝的处理　在一些长期放任不剪的果园中，树冠的中部往往会出现一两个生长很旺占空间很大但着生位置很不合适的粗大枝条。这类枝条尽管数量不多，但由于体积很大而且离下部需要按主、侧枝培养的枝条很近，严重影响下位众多枝条的光照条件和吸收肥水能力，所以称"霸王枝"。霸王枝多是由未加控制的徒长枝、竞争枝或直立枝在特殊优越的条件下超速发展而成，即"树上长树"。修剪时一般应一次性去除，不可手软。这叫"打击一小撮，解放一大片，处处见阳光，枝枝花果繁"（图35）。

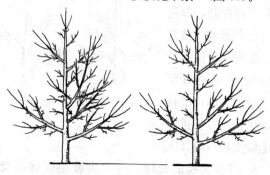

图35　霸王大枝的处理

4. 对生大枝的处理 对生大枝对中心枝轴的上部生长有较大削弱力，应酌情去一留一或一长一短回缩。在疏除或回缩的部位可先用环缢、环剥加拧伤等方法进行控制，然后再去掉（图 36）。

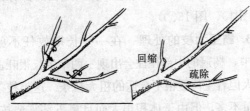

图 36 对生大枝的处理

5. 轮生大枝的处理 轮生大枝对中心枝轴的上部更有削弱力，且互相影响很大。一般应隔一去一。但要注意不能一次去掉太多，应分期分批逐步疏除、回缩、造伤和弯曲控制，以免伤口过多影响母枝发育。处理后所造成的伤口应注意消毒保护。对留下的过旺枝仍需压控，以促进母枝上轴生长（图 37）。

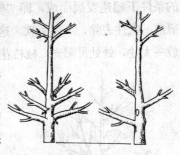

图 37 轮生大枝的处理

6. 并生大枝的处理 并生大枝不仅彼此交叉相互影响，而且会严重遮挡下位枝条的光照，应及早处理。处理的方式方法要考虑具体情况。一般说，有其中之一是骨干枝时，应处理另一个。处理的方法要根据其周围有无足够的枝条而定，当周围的枝条够用时可彻底去除，周围的枝条较少而仍有较大空间时可通过弯曲的方法改变方向后另作留用。并生的大枝经弯曲作整体留用后若小枝显得过密，可对其进行适当回缩和疏枝；若两个并生枝均为非骨干枝时，可根据生长空间大小决定去留，一般应去掉在上下有重叠枝的其中之一，而留下无重叠枝的一个。若两个并生枝均无重叠枝，也可将二者全部在中部留外侧枝回缩换头，使其一左一右背向发展，各奔东西互不干扰，同时缩剪在两并生枝中下部之间的交叉小枝（图38）。

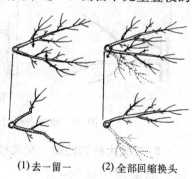

(1) 去一留一　　(2) 全部回缩换头

图38　并生大枝的处理

7. 重叠大枝的处理　重叠枝处理方法与并生枝基本相同，区别是在调整枝头时不是一左一右，而是一上一下"一抬一压"。就是说在两重叠枝均为非骨干枝且有空间都作留用时，上枝应在原头下位留背上枝回缩换头，下枝应在原头下位留背上枝回缩换头。当然，重叠的两枝在回缩换头后做上下背向发展的同时，也可适当左右相错。这样可最大程度地避免两枝彼此交叉，相互干扰。两重叠枝中若有其中之一是骨干枝时，则应整留骨干枝，而压缩另一重叠枝（图39）。

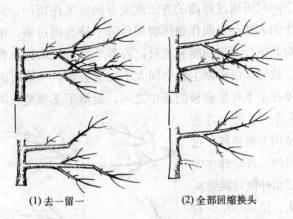

(1) 去一留一　　　　　(2) 全部回缩换头

图 39　重叠大枝的处理

8. 交叉大枝的回缩　交叉枝弊病较多，处理方法一般是留一截一，这叫"一伸一缩"。被保留的枝条应是被培养的永久枝或位置适合有发展空间的枝，被回缩的枝条应是临时枝或无发展空间的枝条，回缩后只要不再形成交叉和影响内枝的光照，就可根据空间尽量长留让其结果（图40）。

图 40　交叉大枝的回缩

9. 三杈大枝的挖心 三杈结果枝组的中心枝不是生长较旺就是生长较弱，这样不仅本身难以成花结果，而且挡风遮光影响边枝生长与结果。修剪处理时一般是疏掉中心枝，扶植边枝，提高边枝生长发育和成花结果的质量（图41）。

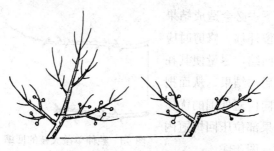

图41 三杈大枝的挖心

10. 光腿大枝的造枝 光腿枝较多的树冠，枝叶少，部位高，不仅结果体积小、产量低，而且树体管理不便。修剪时应在其"光腿"部位通过多道环剥、环刻等措施，促其潜伏芽萌发形成枝组。从而变"空膛"为"实膛"，增多结果部位（图42）。

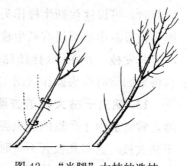

图42 "光腿"大枝的造枝

11. 独伸单条大枝的回缩 独伸单条枝是指每年由大顶芽萌发强枝向前延伸，而侧芽只能萌发成中短枝开花结果的多年生细长枝。这类枝在以缓放修剪为主的果园比较多，尤其是萌芽率高而成枝力差的品种表现更为突出。独伸单条枝一般是从基部到梢头都可成花结果，但由于养分过于分散和容易下垂衰弱，其花果质量不如分叉多轴枝高，而且如此下去必会造成结果部位外移。修剪时应行回缩，尽量使其在中后部结果，从而把移向树冠外围的优质结果部位压回树冠内膛（图43）。

图43 独伸单条大枝的回缩

12. 下垂长弱大枝的回缩 独伸单条枝和背下老弱枝若不及时回缩就会逐渐下垂衰弱，并在中后部弯曲处外侧背上可能发生出一些新枝。这类枝在修剪时，可以这些新生枝作头缩掉前部下垂衰弱的原头枝段。中后部没有新生枝时可通过事先环伤方法促其发枝，并在计划回缩部位形成"蜂腰"，以利将来回缩时换头操作（图13①）。

13. 病虫干枯大枝的去除 在管理粗放的果园，常常会由于严重的病虫害或自然灾害出现一些干枯大枝。这些死枝若不及时处理，不仅影响周围活枝的生长，而且会使病虫害继续传播，或者过多失水后造成其下部枝继续干枯。去除干枯大枝时，应在其下部的活枝分杈处去除，无活枝分杈时，必须去除到死组织以下10～30厘米的活组织处，以利伤口尽快愈合并使潜伏芽萌发形成新枝。一般死枝越粗，去除部位越应靠下，去除后应注意伤口消毒和保护。若方法不当，仅仅在死、活组织的交界处去除，则枝条还会继续往下干死（图44）。

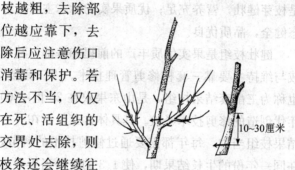

10～30厘米

图44 病虫、干枯大枝的去除

14. 劈裂大枝的修复 分枝角度过小且夹皮层较多的大枝，在负载量过大或遇大风时容易发生劈裂。劈裂枝修复时应先用绳索绞拉或螺杆穿拉等方法进行固定，然后对伤口再行消毒保护（图45）。

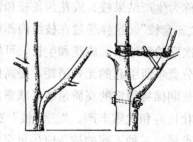

图45 劈裂大枝的修复

五、枝组与果实的优质管理

处于结果盛期的果树，维持树体优质丰产的稳定状态关键是在保障骨干枝坚实牢固的前提下对结果枝组和果实发育实行优质管理，这就是"有骨头有肉"修剪技术的核心内容。优质枝组的标志主要是枝芽健壮，营养充足；优质果实的标志主要是形态健全，品质优良。

健壮枝组是果实优质丰产的前提和基础，其形成与维持主要靠三套枝修剪管理技术。"三套枝"也称为三配套结果枝组，是山东果农在20世纪60年代创造的修剪技术经验。其具体含义是，在一个结果枝组当中，每年都需要通过修剪技术的调节，在同一年份的生长结果期，使1/3的枝条当年开花结果，1/3的枝条当年成花预备，1/3的枝条当年发梢生长。这三种不同性质和用途的枝条一般分别称为生产结果枝、成花预备枝和营养生长枝，就是"三套枝"。这样通过在枝组内部每年都有计划、按次序轮替结果、成花和生长，可尽量减少枝梢间养分竞争所引起的无效消耗，提高枝芽质量，使枝组长期保持稳定的高质量结果状态，从而利于树体健壮长寿和优质丰产。"三套枝"在空间上的搭配要求是，三种不同的枝条应尽量交错相间配置，同类性能的枝条不要集中培养在一起，以达到均匀平衡结果的目的。三套枝培养方法是：当年生产结果枝应留用花芽饱满的枝条进行培养；当年成花预备枝应留中间枝或破顶花芽枝进行培养；当年营养发育枝应通过短截使其发枝，少数情况下也可通过缓放那些当年不可能成花的枝条进行培养。

在一些结果期的大老树上，可能花芽特别多，枝组内所有的枝条几乎全有花。这种情况在冬剪时则应 1/3 留用生产结果，1/3 破顶以花换花，1/3 短截发枝壮树，以后每年仍继续采用三套枝修剪方法，实行有计划轮替生长、成花和结果。

第六讲
苹果树整形修剪

一、苹果树生长与结果习性

1. 树性　苹果树是高大的落叶乔木，生长旺盛，寿命长，树姿开张而喜光。年幼时具有较强的干性、层性、顶端优势和连续生长结果的能力。年老时这些特性明显减弱，但潜伏芽寿命长，易萌发，有较强的自我更新复壮能力。苹果树的萌芽成枝力和修剪反应因品种和年龄阶段不同表现差异较大，是落叶果树中修剪技术较难掌握的树种之一。

2. 枝芽特性　苹果树绝大多数的枝条软而柔韧，其发育枝和结果枝按长度可分为短、中、长枝，分别为 5 厘米以下、5～15 厘米、15 厘米以上。其中发育枝也常常把短于 0.5 厘米的称为叶丛枝，长于 30 厘米的称为强旺枝。多数品种以中、短枝开花结果为主，长枝主要用来培养各种骨干枝。苹果树的花芽和叶芽不如其他树种好分，尤其幼树的区分更难。花芽为混合芽，多为顶芽，少数有侧生的腋花芽。腋花芽结果性能多数不如顶花芽，而且较难抽生果台枝连续结果。花芽的形成多在新梢第一次生长高峰后的 6～8 月，除特殊情况外，一般在第二年春开花结果。叶芽的萌发力、成枝力、顶端优势等常因品种不同而异，但潜伏芽寿命较长，利于老树更新复壮。

3. 生长结果习性 苹果树在春季先展叶后开花，在每个花序中多是中心花开放早结果好。发育枝一般一年只有一次分枝，停止生长较早形成中、短枝，粗壮的还能积累营养形成花芽。生长到秋天的多为长旺梢，虽然前期营养消耗较大，但后期只要能及时停止生长则有利于树体营养积累。一个新梢需经 2～4 年才能成花结果，这与新梢本身生长势有直接关系，壮实的容易成花，过旺和过弱的难以成花。果枝结果后留有果台，果台较大营养充足时还可在当年抽生果台副梢并在顶部成花，下年连续结果，但连续结果时间过长则易使枝势衰弱和结果能力下降。幼树开花结果早晚主要取决于萌芽率与生长势，萌芽率高生长势缓和的品种容易成花结果。大树结果过多时容易形成"大小年"，光照不足时容易产生结果部位外移，结果枝组得不到及时更新时花多果少，结果质量下降，结果寿命缩短。

二、苹果树整形修剪技术

（一）树冠整形

1. 丰产树形的确定 苹果树丰产树形很多，但在应用上都有一定条件。确定目标树形时应先考虑品种特性、立地条件、栽植密度与方式。乔化稀植树应选用具有中心干和主枝分层排列的分层开心形等大冠形。中度密植树应选用中冠形的二层无顶形、挺身形、斜十字形等。矮化密植树可依栽植方式不同分别采用具有中心干的小立体形和篱壁形。其中，小立体形以火锅形、小冠疏层形和纺锤形为好，篱壁形以主枝沿行向发展的扇形和棕榈叶形为好。总之，具有中心干而且主、侧枝尽量分层排列的树形，都是苹果树适宜采用的高光效丰产树形。

2. 整形技术的要点 按照第四讲"骨干枝培养与整形""辅养枝留用与控制"内容进行修剪，还需掌握以下技术要点。

（1）骨干枝的培养 应着重解决好成层性、主从性、开张性、均衡性和牢固性等问题。

（2）辅养枝的控制 苹果幼树在培养好骨干枝前提下，要求尽量多留辅养枝，以利骨干枝正常生长和枝组尽早成花结果。然而辅养枝并不能留得过多和自由发展，应根据所在空间大小合理留用，并注意适时控制，以免形成乱枝干扰骨干枝正常发展。控制方法主要是弯曲、造伤、摘心和回缩等。过于强旺的辅养枝可并用多种方法进行综合控制，比如基部拧伤加环刻后在上部再行拿枝加摘心等，就可得到较好的效果。

（二）修剪技术

1. 修剪时期及任务 苹果树一年四季均可修建，但不同季节有着不同的修剪任务。

（1）冬季修剪 冬剪的主要任务，一是培养骨干枝，去除不规则枝条。二是修剪枝组，控制枝芽量。三是调整枝干和枝条的姿势。但要注意在寒冷期对硬枝品种的大枝进行开角时基部容易发生劈裂，必要时可推迟到生长季再开。

（2）春季修剪 主要是补充冬剪不足。任务是对萌芽率低的品种和生长过旺的枝条将冬剪推迟到发芽后再剪，以增加枝量缓和长势，促使成花结果；冬剪时留花芽过多的在发芽后花蕾期进行疏花，做到按枝留花，以花定果；清除冬剪时所留保护橛。

（3）夏季修剪 苹果树夏剪多在5月下旬至6月上旬中短枝缓慢停长期进行，主要用于幼旺树，以控制为主，通过调节进一步巩固冬剪效果。主要任务是调整枝干和枝条角度，控制旺长，平衡树势，理顺从属关系，处理不规则枝条；去除无用枝，改善通风透光条件；疏花疏果，适时套袋，减少无效消耗，增加营养积累，以保证正常坐果和花芽分化，提高果实发育质量。具体措施是抹芽、疏梢、扭梢、摘心、拿枝、拧枝、环刻、环剥、倒贴皮等。

（4）秋季修剪 主要是秋梢摘心抑制徒长，增加营养积累提高枝条质量，管好果实。

2. 结果枝组培养与修剪 按第四讲"结果枝组培养与修剪"内容进行修剪，还需掌握以下技术要点。

（1）结果枝组的培养 苹果树的幼期一般生长较旺难以成花，所以枝组的培养多以先放后缩的方法为主，同时根据具体情况配合其他方法，这样有利于缓和长势、积累营养促其成花结果。但在生长空间较大时，可用先截后放和连续短截的方法培养一些大中型枝组，而且每年在组内同时安排好当年的结果枝、成花枝和发育枝。

（2）结果枝组的修剪　为了使枝组长期具有连续优质的结果能力，在修剪上需要经常对其进行科学的管理和更新。具体应做到以下几点：一是及时处理过密、过长和交叉重叠的枝条，改善通风透光条件；二是通过培养同时具有结果枝、成花枝和发育枝的三套枝，在枝组内做到计划结果，防止出现"大小年"现象；三是及时回缩更新老化枝，使其在结果后仍显得健壮不衰；四是大、中型枝组应选留一个中庸偏弱的带头枝，以此维持整个枝组的生长势力基本均衡；五是对花芽过多的枝组一定要严格控制花芽量。花芽破顶当年还可形成花芽，这叫"以花换花"。短截花枝可促生新枝在当年转化为发育枝，这叫"以花换枝"。

3. 不同年龄阶段的修剪　按第四、第五和第六讲内容进行修剪，还需掌握以下要点。

（1）幼龄树修剪　苹果幼龄树是指 7 年生以下的未结果树和初结果树。修剪任务一是树冠整形，培养好各级骨干枝；二是留足辅养枝，培养好结果枝组。修剪特点是骨干枝延长头在中部留饱满外芽短截，并调整好开张角和方位角。辅养结果枝尽量多留，常用轻剪缓放进行"放长线，钓大鱼"，先结果，后回缩。但是，要注意保持结果枝组与骨干枝的从属关系。在修剪时期上要注意冬、夏剪结合，保证骨干枝生长优势，控制辅养枝强势生长。

（2）结果树修剪　结果树主要是指盛果期的大树，一般是在8～10年生以后。盛果期的树除注意及时落头开心控制树高以外，应着重管理好结果枝组，保证树冠内部的通风透光条件，合理负载，防止大小年、树势早衰和结果部位外移。所以，在修剪枝组时应疏除密乱无用枝，回缩长弱交叉枝，培养三套枝，控制花芽量，使叶枝果枝比维持在3～6∶1之间。

（3）衰老树修剪　衰老树一般是指年龄在30～40年生以后枝组和枝干部都明显衰弱的老龄树。衰老树应以更新复壮为主，分期分批地重缩那些由于长期结果造成下垂衰弱的枝组和枝干，同时注意疏花疏果，严格控制花果量。在地下部加强土肥水营养管理，结合深翻改土和根系修剪，恢复根系的健壮生长与吸收功能。做到"以肥促根，以根强枝，以枝保果"。

（三）主要品种类型的修剪

1. 富士系

（1）生长结果习性　树性开张喜光，生长健旺，冠体高大。干性强，顶端优势明显，树冠中枝条分枝角度常是下枝大而上枝小，易发生上强下弱。枝条直顺粗壮而硬。萌芽率中，成枝力强，骨干枝延长头剪截后往往上部轮生长枝，下部则"光腿"无枝。一般枝条长放后只有顶芽延长生长形成单轴"鞭干枝"。修剪反应较敏感，枝条短截过重易发旺枝，常使幼树结果推迟。结果大树生长势渐弱，树冠上部枝易密挤，下部枝易稀缺，内膛小枝易干枯，结果部位随之外移，树势有上强下弱现象。潜伏芽较多，寿命长，易萌发，衰老树容易更新复壮。普通富士树开始成花结果较晚，一般需5～6年。幼树以中长果枝为主，大树有较多短果枝，有腋花芽结果。坐果率高，连续结果能力较强。结果大树也有"大小年"，外围枝条过密时内膛枝细小瘦弱难以成花结果，即使结了果也是果子小、着色不良、品质极差。

（2）整形修剪技术　幼树整形时，基部主枝可邻接，中心干可适当弯曲，上层主枝不能培养过早，且注意开角，加大层间距，控制辅养枝，以防上强下弱。修剪量要轻，少截轻截、疏密控旺、缓放平斜。辅养枝和枝组可适当环刻、环剥和拧伤，以控制生长促发中短枝成花结果。培养枝组多用先放后缩和先控后放再缩法，并用刻伤防止"光腿"。结果大树修剪，一要注意上强下弱，开张上层主枝，上抬下层主枝。初结果期下层主枝中上部少留花果，上层主枝多留花果；二要注意改善树冠光照条件，防止结果部位外移。这就要回缩层间辅养枝和单轴延伸多年的串花枝，疏除外围密挤枝，环刻

"光腿枝"，结合多用腋花芽结果，尽量把结果部位向内膛压近；三要注意疏花疏果和老弱枝更新复壮，防止"大小年"，提高结果质量。

2. 红星系

（1）生长结果习性 树性直立，生长健旺，冠体高大。干性较弱，枝条软，不抗风，树冠容易偏斜歪倒。中长枝多为下粗上细的"猪尾巴枝"。其中背上枝的长度与形状像锥子，常叫"锥形枝"。幼树一般分枝角度较小，枝条直立旺长自然生长时难以成花结果。结果后的大树枝干逐渐开张，树势日趋减弱。盛果期后者衰弱过度树势较难恢复。萌芽率高，成枝力强，但随年龄增加成枝力明显减弱。幼旺树枝条在剪截后剪口下第一、二芽所发新枝多角度小，且易扭曲，不宜作骨干枝延长头。修剪反应很敏感，轻剪易弱，重剪易旺，维持中庸树势较难，修剪者深感头痛。粗壮的一年生枝剪截过重容易形成轮生大枝，影响上部中心枝轴正常生长发育。背上直立的大顶芽锥形枝难以成花结果，短截后多冒长条易形成"树上长树"，影响成花结果和通风透光。单轴延伸的串花枝回缩后易顶掉剪口枝上的花，若在回缩时斜剪造大伤口则可防止这种顶花现象。潜伏芽较少，但寿命较长也容易萌发，所以衰老枝仍易更新复壮。红星树对伤口反应敏感，较大的伤口愈合较慢。环剥、环刻过重易造成枝条死亡。

普通红星品种开始成花结果中等，一般需4～

5 年。以短枝结果为主，在幼树上有一定数量的中长果枝。新发生的中庸短枝多在第二年成花，第三年结果。较强的中枝多在第三年成花，第四年结果，这就是"一年枝，二年芽，三年成花四年结果"的说法。坐果率低，连续结果能力差，多数果台坐一个果，双果者很少，而且抽生副梢能力较弱，但一般无"大小年"现象。相比之下，幼树的细长果枝和大树的粗壮短果枝坐果较好。从枝龄上说，2～5 年生短果枝结果能力最强，年龄过大则衰弱无力，结果不好。从树势上说，中庸树结果最好，过旺过弱树花多果少，且个头小质量差。短枝型红星树结果年龄较早，3～4 年就可结果。

（2）整形修剪技术　树冠整形时，主、侧枝排列宜"邻近"不宜"邻接"，以防"掐脖"后削弱中心枝轴生长，影响上部骨干枝培养，将来造成"下强上弱"。骨干枝延长头应用"里芽外蹬"或"双芽外蹬"方法培养剪口下第二或第三芽枝，并注意生长季开张角度。

幼旺树应多用轻剪缓放和冬夏剪结合连续控制枝势的修剪技术，以促发中短枝尽快成花结果。在具体措施上多用开、缓、弯等方法，即开张骨干枝，疏除密挤枝，缓放平斜枝，弯伤直旺枝。尽量少用短截方法谨防冒条，影响成花结果。

结果枝组培养可用先放后缩、先控后放再缩和连续超重截的方法。在位置上多培养在骨干枝的两侧和背下。背上直立的大顶芽锥形枝可行破顶或打头，促发中短枝。对独伸单条枝可用"戴帽"修剪，强者"戴活帽"，弱者"戴死帽"。下年根据发枝情况回缩带头枝，然后再对"辫枝"在基部进行超重截"戴歪帽"。对二杈枝可截一缓一。对三杈枝可去中心留两边。对细长衰弱的串花枝可先回缩一半，然后再用破花芽的方法隔一破一，"以花换花"。对衰弱的果台枝组可回缩到下部的分枝处。对无果台枝的光秃果台可破台剪截，促发新梢（图31⑤）。

3. 金冠系

（1）生长结果习性　金冠树较容易管理和丰产。树性开张，生长健旺，冠体高大。干性强，顶端优势明显，易发生上强下弱。枝条较硬而脆，结果过多容易折断。幼树萌芽率高，成枝力强，但分枝角度较大，封顶枝多，容易成花结果。随年龄增大和结果加多，成枝力和生长势迅速减弱。枝条耐短截，修剪反应不太敏感。所以，整形修剪比较容易。潜伏芽虽然较少，但寿命长且容易萌发，衰老枝仍易更新复壮。普通型金冠树开始成花结果较早，一般需3～4年。幼树以中、长枝结果为主，有腋花芽结果习性。大老树以中、短枝结果为主。坐果率高，有一定"大小年"现象。果台在结果当年容易抽梢成花，连续结果能力较强。

（2）整形修剪技术　幼树整形时，基部主枝可邻接，中心干可适当弯曲延伸。下层主枝培养好后再培养上层主枝，以防出现上强下弱。结果枝组培养与修剪，各种方法都可用，但要注意放截结合和合理留果，以防树势早衰。老弱树应多加短截和轮流回缩更新枝组，每年尽量用新枝饱花芽结果，枝组修剪时去平留直，去弱留强，去远留近，控制结果部位外移。

4. 丹霞 树势强健，树姿半开张，其他生长和结果特性大体与金冠相似，可参考金冠整形修剪。不同之处有两点：一是中短枝比金冠多，利于幼树早果丰产，但要注意骨干枝的培养；二是骨干枝背上锥形枝较多，过密时可疏除，有利用空间时可用轻过头短截或破顶芽的方法培养结果枝组。

5. 秦冠 生长结果习性同金冠相近，更具有早果丰产性和抗病适应性。整形修剪技术可参照金冠苹果树进行。

第七讲
梨树整形修剪

一、梨树生长与结果习性

1. 树性　梨树是高大落叶乔木，树冠比苹果树更加高大、强健、寿命长，有更强的干性、层性和直立性，容易早期成花结果和连续结果。顶端优势很明显，易形成上强下弱和结果部位外移。萌芽率高，成枝力弱。独伸大枝多，分叉大枝少，树冠多显稀疏。根系主根更加发达，分布更深，层性更明显。幼树枝条更直立，多抱头生长。刚定植的幼苗，根系伤口恢复慢，分根少，缓苗期长，修剪上采用轻剪长放时，早期的树冠生长较慢，同龄树体比苹果树小。大老树上部枝条仍直立旺长，但下部枝条生长力很弱，往往形成短果枝群，果农叫"鸡爪枝"，也常有叶丛枝枯死，形成光秃带。潜伏芽多，寿命长，易萌发，利于老弱枝更新复壮。修剪反应没苹果树敏感，虽然不同系统的品种有差异，但总的说比苹果树容易修剪。

2. 枝芽特性　梨树的枝比较脆硬，大枝开角或结果过多容易劈裂和折伤。枝条按长短分类及标准大体与苹果树相同，有叶丛枝（＜0.5厘米）、短枝（0.5～5.0厘米）、中枝（5～15厘米）、长枝（15～30厘米）和旺枝（＞30厘米）。多数以短枝和顶花芽结果为主，少数品种有中长枝和腋花芽结果。从树龄上说，幼树有中、长果枝，大老树则很少见。花芽为混合芽，顶花芽结果为好，腋花芽多数结果不如顶花芽好。花芽比叶芽的形态明显肥大，很易辨认。花芽形成比苹果树容易，稍早而集中，多在6～7月形成，第二年春开花结果。短梢一般都无腋芽，宜疏宜养不宜截。中长梢基部3～5节为盲节，不宜重截，但基部两侧多有副芽。副芽一般暂不萌发而成潜伏芽。潜伏芽寿命长，受刺激易萌发，利于老枝更新。所以梨树的枝芽特性除萌芽率高、成枝力弱和顶端优势十分明显以外，还有两个重要特点：一是枝条基部瘪芽少，副芽多；二是潜伏芽多由副芽转化而来，侧芽形成潜伏芽较少（图46）。

3. 生长结果习性 梨树在春季是先展叶，后开花。但与苹果不同的是在同一花序内边花比中心花先开，且结果较好。梨树的长梢多为春、夏梢组成，少有秋梢。春夏梢上的芽都很充实，萌发率也高，只是春梢上的芽夹角较大，夏梢上的芽夹角较小，在修剪上应注意利用。新梢上叶片幼嫩时无光泽，当面积长到最大后才呈现出油亮发光，此时称亮叶期。亮叶期表明全年85％叶量已经形成，树体营养由消耗转向积累，中短枝顶芽开始花芽分化。梨树一般很少发生二次枝。枝条的顶端优势和

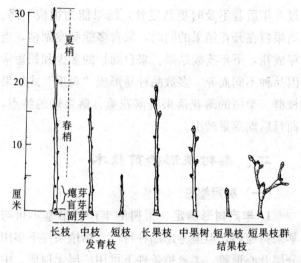

图 46 梨树的枝芽类型

垂直优势很强，同一母枝上的单枝间生长差异较大。直上枝短截后，由上向下发枝越来越短，很少有竞争枝，若不剪截，缓放时顶芽单条延伸，很少发生分枝。弯曲的平、斜枝多在弯曲的高处发长枝，在顶端和背上发较长枝，其他部位发中、短枝。梨树的枝条萌芽率高，成枝力弱，容易形成中短枝，特别是枝条在前期生长快，停长早，顶、侧芽都较饱满充实，利于成花结果。所以，梨树只要肥水充足和轻剪多放，就容易早果丰产。梨树有花粉直感现象，授粉品种不同会使果实的形状和品质发生变化。长、短枝之间分化明显，转化力弱。枝干下部的结果枝很易衰弱形成短果枝群，其枝龄超过 6 年后若不及时更新复壮，结果能力很快下降。结果枝在开花结果的同时，果台多能萌发副梢，当年成花，下年连续结果。果台副梢的多少和长短常因品种不同而异，多数品种易形成"鸡爪"式短果枝群。梨树的落花落果有落花重、落果轻的特点，而且后期落果较少。

二、梨树整形修剪技术

（一）树冠整形

1. 丰产树形确定 梨树的丰产树形基本可与苹果树通用，但应考虑品种特性。稀植条件下多用分层开心形等。半密植条件下可用二层无顶形、中冠单层半圆形、挺身形等。密植条件下可用火锅形、小冠疏层形、纺锤形、圆柱形、棕榈叶形、折叠扇形等。

2. 整形技术要点 按照第四讲内容进行修剪，还需掌握以下技术要点。

（1）骨干枝培养需注意成层形、主从性、开张性、均衡性和牢固性，以保持通风透光。

（2）骨干枝培养需时刻注意控制顶端优势，防止上强下弱。①控制中心干上强下弱的方法：一是对基部主枝采取邻接，削弱上部中心干长势；二是对中心干采取弱枝弱芽当头，缓和其顶端优势；三是可将中心干拉倒作主枝，在弯曲处对背上芽刻伤生枝，重新培养中心干；四是对发长枝较多的品种可用下位角度较开张的枝代替剪口芽延长枝，进行换头；五是重截中心干降低枝位，缩小与主枝高低差异；六是适当缩小主枝角度，缓冲中心干优势。主枝的基角应为 40°~50°，腰角 60°~70°，梢角 40°左右。枝性较硬且直立的品种可大些，枝性较软容易受重力开张的品种可小些。七是在中心干上环剥、刻伤，使下部多发枝和上部多结果。②控制主、侧枝上强下弱的方法：一是对发长枝较多的品种可用背后枝换头开张梢角或用下位侧生枝换头使其中心轴左右弯曲延伸。二是可对下一级骨干枝的延长头适当长留，使其长度和高低差异不要过大。三是用支、拉和让上部多结果的方法开张延长头的梢角。

（3）梨树整形过程中应注意同级同层骨干枝之间平衡发展，出现不平衡现象时应及早加以调节。一般生长势强的应适当重截短留和开角下压，剪口留下枝下芽和弱枝弱芽当头。生长势弱的则应适当轻截长留和抬角上扶，剪口留上枝上芽和壮枝壮芽当头。

（4）梨树成枝力差，枝条单轴延伸多，分枝少，树冠常显稀疏，整形时可适当多留主、侧枝。幼苗定干后所发长枝数量留不够基部第一层所要求的主枝数时，可通过刻伤促进多发枝。也可将中心干拉倒作主枝，在弯曲部位的背上选好芽位进行刻伤造枝，重新培养中心干。也可分两年选留，但要注意控制早一年的，扶植晚一年的。骨干枝延长头剪截时不可留得过长，更不宜长放，以防将来中下部发生缺枝光腿。中心干层间部分可通过环刻多培养辅养枝。

（5）梨树的枝条比较脆硬，枝条长粗后不仅难以开角而且还容易发生劈伤和折伤，所以骨干枝的角度应在幼树期及早开张和调整好。较大的多年生枝干在开角操作前应先将枝条上下左右摇晃，使其枝性软化后慢慢向下开，也可推迟到萌芽后当枝条变软时再开。

（6）定植时苗木质量较差和初期生长较弱的幼苗，定干后不宜对分生弱枝过急按主枝短截，而只能多留长放，使其养壮后再作为主枝选好芽位短截，并按其分枝情况再选用培养侧枝。因为梨树根系少，断根受伤后恢复和发根较慢，缓苗期较长，需要先养根后促枝。

（二）修剪技术

1. 修剪时期及任务 梨树一年四季均可修剪，且仍以冬剪为主，根据情况再配合春、夏、秋生长季修剪。不同季节的修剪内容及任务大体可参照苹果树进行，在此不再重复。

2. 结果枝组培养与修剪 按第四讲"结果枝组培养与修剪"内容进行修剪，还需掌握以下技术要点。

（1）结果枝组的培养 梨树由于萌芽率高而成枝力弱，所以幼树在培养枝组时应遵照"少疏多留，先截后放，以截促枝，以放促花"的原则。在具体修剪时一般应截强放弱，截长放短。在空间较大时，可通过连续短截结合去强留弱、去直留平和枝多即放的方法培养大、中型枝组。在空间较小时，可通过对中庸枝先放后截再放，对弱小枝连续放养的方法培养中、小枝组。对周围侧生平斜枝较少还有利用空间的背上直旺枝，也可通过夏季摘心和弯曲变向控制的方法，改造为符合要求的枝组。对连续长放单轴延伸的串花枝，应及时回缩改造成比较紧凑的组型。特别应注意在各种骨干枝中下部应通过环剥和环刻的方法，造生枝条培养为枝组，以防将来缺枝光秃。最好是在短截延长头时就对剪口下第3～5个芽的上位进行目刻，有目的地预先培养一些寿命长、结果与更新能力强的大、中型枝组。

（2）结果枝组的修剪　梨树的结果枝组在培养成后，还需经常修剪管理维持其优质高产的组型。大树枝组的修剪应遵照"轮替结果，养缩结合，以养促壮，以缩更新"的原则。在具体修剪时应注意结果枝、预备枝和发育枝三套枝搭配，做到年年有花有果而不发生"大小年"。对连放多年的长弱下垂交叉枝和串花枝应及时回缩，可酌情先截去1/3～2/3，然后再隔一破一"以花换花"。对连续多年结果所形成的"鸡爪"式弱短果枝群，应按比例疏除过多的花芽。一般是逢二留一破一，逢三留二去一，逢四留二去一破一，逢五留二去二破一。去留原则是疏上留下，疏弱留壮，疏花芽留叶芽。也可在后部新枝处少留花芽进行回缩。对发生上强下弱的多年生大枝应首先将上部下拉开角，同时用环剥、环刻的方法抑上促下，然后再对下部的弱短果枝群按上述办法疏花芽（图47）。

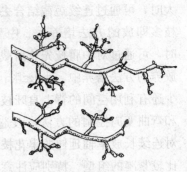

图 47　梨树短果枝群的修剪

总之，梨树的整形修剪，一是要注意及时开张骨干枝的生长角度和造伤控制顶端优势，以防止上强下弱；二是要注意在早期少疏多留和短截长放，以增加枝量促进早果；三是要注意三套枝组的培养和维持，以防止发生"大小年"；四是注意衰弱枝组的回缩更新和疏花疏果。

3. 不同年龄阶段的修剪　按第四、第五和第六讲内容进行修剪，还需掌握以下要点。

（1）幼龄树修剪　幼龄梨树包括未结果树和初结果树，多在 10 年生以下。修剪任务：一是树冠整形培养好各级骨干枝，二是留足辅养枝和培养好结果枝组。修剪特点：一是在整形中要严格控制顶端优势防止上强下弱，并注意骨干枝及时开角。二是培养枝组时应注意少疏多留和先截后放，并配合夏剪达到增枝促花目的。一般是短截长枝，缓放中短枝。幼树前期根系弱，发枝少，树冠生长扩大慢，应尽量多留枝叶养好根。对强旺枝应尽量通过拿、弯、刻和摘心技术进行控制改造，使其尽早成花结果。骨干枝延长头应适当重截，并配合中下部刻伤生枝培养大、中型枝组，以防中后期大树的骨干枝下部缺枝光秃而造成生长结果部位外移。

（2）结果树修剪　结果树主要是指盛果期的大树，多在 10～13 年以后。修剪任务主要是平衡树势，控制树冠大小，培养"三配套"健壮枝组，回缩更新长弱交叉结果枝和"鸡爪"式弱短结果枝群，疏花疏果合理负载，防止大小年。并及时疏除外围密挤枝，改善冠内光照，减轻结果部位外移，提高结果质量。树冠整体修剪应"内截外疏弱回缩，强化树势结好果"。

（3）衰老树修剪　衰老树是指年龄在 50～60 年生及以上，其枝组和枝干都有明显衰弱的老龄树。树体特征是外围枝生长量很小，内膛和下部有新枝产生，表现为向心生长。花多果少，个头小品质差，结果部位外移严重。修剪任务主要是对衰弱老化的枝组和枝干回缩更新，并结合疏花疏果使树势尽快复壮。回缩工作应从局部到整体、从枝组到枝干全面有计划地进行，不可一下回缩太多太急而因造伤过重削弱树势。枝组回缩可分期分批轮换进行。枝干回缩应用"先育小，后退老"先养后缩法，即回缩前先减少挂果量改善其回缩枝干的营养条件，使其生长势转强，并在回缩部位先通过环缢、环剥等造伤措施抑前促后，使下部潜伏芽萌发新枝，并选留背上的强壮枝按预备新枝头培养1~2年，然后再在此处去除以上原来的老弱枝头。若下位已有萌发的背上新枝，也可直接在此回缩。枝干回缩后应做好伤口消毒保护，以保证新枝头正常生长。同时，还应注意改造利用好树冠各个部位随时萌发的徒长枝。总之，幼树生长强旺，应注意枝干和枝条生长角度开张，修剪时可用背后枝换头。大老树生长衰弱，则应注意枝干和枝条生长角度抬高，回缩时应用背上枝换头。这就是梨农所总结的"幼树剪锯口在上，老树剪锯口在下"的修剪经验（图13）。

（三）主要品种类型的修剪

1. 白梨系统 白梨系统是我国目前分布最广、栽培最多的一个种系，包括酥梨、晋酥梨、玉露香、雪花梨、鸭梨、慈梨、秋白梨、密梨、黄梨、库尔勒香梨、苹果梨等。多数树体高、干性强、寿命长，幼树枝条较直立、生长旺，随树龄增大骨干枝逐渐开张。萌芽率高，成枝力多较弱，短枝多。潜伏芽寿命长，老树老枝易更新。不少品种有腋花芽结果习性，以短果枝结果为主，但也有一定中长果枝。短果枝寿命短，果台副梢少、生长弱。树形可用分层开心形和迟延开心形。为防中心干过强主枝开角不宜过大，骨干枝延长枝应轻剪长留。幼树时非骨干枝应少疏多放，大树时应防止外围枝过密。短果枝群除无果台副梢时可用破台剪或基部重截以外，一般不剪，只用破顶方法调节结果密度，五年后回缩更新。内膛枝应短截，以促其分枝增大结果体积。外围主、侧枝和大型枝组的当头枝有花芽时，应破芽疏花不让结果。注意回缩长弱交叉枝，改善内膛光照。外强内弱时适当开张主、侧枝梢角。

2. 砂梨系统 包括我国原有品种和引进日本梨、韩国梨品种。砂梨由于原产温暖多湿的南方和日本海域，对旱冷气候适应性较差。有些在北方栽培树体易出现早衰，且难以更新复壮，致使寿命缩短，因而多在南方栽培。日本梨引栽品种有二十世纪、长十郎、菊水、二宫白、博多青等。一般树冠较小，干性中强或较弱，寿命较短。枝条粗壮直立，不很开张。幼树旺，大树弱。萌芽率高，成枝力弱，短枝发达，大枝稀疏。有低级次枝结果特点，栽后 2～4 年即可成花结果。我国砂梨果台发生副梢少，不易形成短果枝群，但老枝更新能力较强。日本砂梨果台副梢较多，容易形成短果枝群，但大枝不耐更新。树形可采用延迟开心形、挺身形和自然圆头形等。幼树修剪应少疏、多截和多留，以尽快增加枝叶量促进成花结果。对较直立骨干枝开张角度不宜过大，以防背上冒条徒长。长枝少时可通过刻伤造枝培养主、侧枝，也可将中心干拉倒作最上一个主枝，使顶部开心。结果大树修剪主要是调节生长与结果关系，控制叶果比。对易形成短果枝群的日本梨品种，主要是按三套枝修剪技术管理枝组，骨干枝应尽可能利用原来的枝头，并注意经常维持其正常的枝势，尽量不要换头更新。对不易形成短果枝群的中国梨品种，主要是通过对中大型枝组回缩和对中长果台枝短截来维持其枝势，一些老化衰弱且下部光秃的骨干枝可采用回缩换头的办法进行树冠更新。韩国梨多数优良品种都是日本梨品系后代，可根据其树体枝芽特性参照相近的日本梨品系进行修剪。

3. 秋子梨系统 多数品种抗寒、耐旱，适应性强，但品质较差，在生产上表现较好栽培较多的只有京白梨、南果梨和软儿梨等少数优良品种。一般树体高大，干性中强，寿命较长。枝条细软，常披散下垂，树冠开张。幼树生长较强，大树随结果渐弱。芽体小，萌芽率高，成枝力较强，顶芽延伸力强。树冠分枝级次多，枝条较密。中长枝多，短枝少，成花较晚，具有高级次枝结果特点，栽植4～5年以后结果。多数品种以短枝结果为主，部分有腋花芽，但不易形成短果枝群。果台枝连续结果能力差，枝组更新能力弱。树形可选用分层开心形、挺身形和自然圆头形等。幼树由于发枝多，主、侧枝选留容易，对中心干和主枝延长头不必重截，而应轻剪长留。一般骨干枝在冬剪时可在夏梢中上部饱满芽处短截，以维持其生长优势保证树冠迅速扩大。其他非骨干枝多留长放，背上强旺枝应勤控制促其成花结果。结果大树应注意及时疏除外围密乱枝，以理顺与骨干枝的从属关系和改善内膛光照。小枝组因其不耐剪一般可缓放不剪，任其结果。对多年延伸过长和结果下垂衰弱后形成的交叉碰头大枝须及时回缩，并加强管理以免干扰他枝正常生长和结果。这就是"大枝严，小枝宽"的剪法。

4. 西洋梨系统 我国目前在生产上栽培较多、品质较好的多是从欧美引入的，如巴梨、三季梨、伏茄梨、日面红、茄梨、阿巴特等。树冠大小因品种而异，干性强，寿命较短。幼树较旺，枝性软而直立，树冠不开张，多数为圆锥形。盛果期大树，由于结果部位外移下压易使骨干枝开张下垂，生长势减弱，树冠多呈不规则乱头形。芽体小但很充实。萌芽率高，成枝力较强，枝条容易密挤。骨干枝不耐更新。结果习性因品种而异。巴梨、三季梨等短枝发达品种易成花，栽后3～4年结果。短果枝易形成短果枝群，结果枝级次低，果台枝连续结果能力强；伏茄梨、日面红等短枝不发达品种难成花，结果晚，多在栽后5年以上。果枝不易形成短果枝群，结果枝级次高，果台枝连续结果能力差。有些品种有腋花芽结果特性。树形应选用分层开心形等，下层主、侧枝可适当增多。因其枝性软，树大结果负重后容易开张下垂，幼树主、侧枝开角不可大，分别与中心干保持30°和40°左右即可。由于对光照要求不高，可适当缩小层间距和多留辅养枝。短果枝群品种应疏旺枝、缓弱枝。伏茄梨、日面红等非短果枝群品种宜少疏多放，强旺枝可先控后放。骨干枝前部下垂后，背上徒长枝可选用培养为新枝头，原头仍保留。无徒长枝时，应用顶吊法将枝头抬起，并使上部少留花果，尽量保持斜上姿势。骨干枝不宜大更新和疏大枝，以免削弱树势影响树体结果寿命。

第八讲
桃树整形修剪

一、桃树生长与结果习性

1. 树性　桃树为落叶小乔木，干性弱，顶端优势不太明显。树冠开张而喜光，冠内光照不足时枝条生长和结果不好，且易早衰枯死。萌芽率高，成枝力强，一年可分生 2～3 次副梢。幼树生长旺，分枝多。树冠成形快，结果早。大树枝干表面易发生透明流胶，进而造成树体提早衰弱。枝干中下部小枝容易枯死从而形成光秃带，致使结果部位迅速外移。多数品种潜伏芽少，寿命短，萌发力弱，树体更新复壮难，经济寿命短。根系分布浅，怕涝、怕冻、怕贫瘠，但比较耐旱。放任不剪自然发展的桃树，前五年结果较多，但以后枝条很快密挤，树冠通风透光很差，内膛枝条出现衰弱死亡，结果部位急速外移，产量和质量大大下降。另外，桃树伤口愈合能力差，木质部很快干枯深裂，影响树体营养的运输和结果寿命。

2. 枝芽特性　桃树的枝较脆硬，大枝开角或结果过多时容易发生劈裂和折伤。发育枝和结果枝在长短分类上有所不同。发育枝根据生长势、发育质量和营养状况不同可分为叶丛枝、营养枝和徒长枝。叶丛枝极短，多数长度不足 1 厘米，只有 1 个顶叶芽，营养较差，发枝力弱，所以也叫单芽枝。这种枝条在母枝弱和光照较差时落叶后容易枯死，在母枝壮和光照较好时能继续生长，营养条件得到改善时可转化成短枝，受重刺激时还可发长枝；营养枝长短不一，大体在 1～100 厘米，除少数比较纤细无分枝外，多数生长强旺都有较多副梢分枝。这种枝条一般只生叶芽，少数有花的也常在顶部，芽体瘦小不易坐果。营养枝在成年树上很少见，多发生在幼旺树上，是树冠整形期培养各种骨干枝和结果枝组的重要基础；徒长枝长势很旺，长度可达 100 厘米以上，有大量副梢分枝。这种枝条多发生在树冠上部强旺骨干枝背上和伤口附近，但由于其组织发育不充实，质量差，消耗多，挡风遮光，一般应及早去除或有目的加以控制改造后再作利用。

结果枝按长度可分为花束状果枝、短果枝、中果枝、长果枝和徒长性果枝五类（图 48）。花束状果枝的长度在 5 厘米以下，粗度在 0.3 厘米以下，多单芽，仅顶芽为叶芽，侧芽均为花芽，且节间极短而密生，形似花束。这种枝多发生在老弱树上，结果和发枝能力均差，且易枯死，只有肥城桃等极少数品种结果较好；短果枝长 5～15 厘米，单芽多，复芽少，除顶端和基部有少数叶芽外多为花芽，结果后多可发出短小枝，过弱时也易衰亡。这种枝条幼树上较少，多发生在结果树的下部，老弱树上各个部位几乎都有，是北方品种群的主要结果枝；中果枝长 15～30 厘米，单、复芽混生，结果后还可发出较好的新梢，当年成花下年连续结果，多着生在树冠中部；长果枝 30～60 厘米，复芽多，

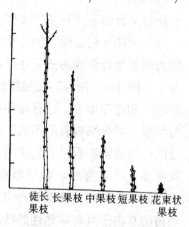

图 48　桃树的各种结果枝

花芽多而充实，叶芽多在上端和基部，结果后仍可发较好新梢，当年成花下年连续结果。有的还有副梢，多着生在幼树和强旺树中上部，是多数品种的主要结果枝；徒长性结果枝长 60 厘米以上，先端有少量副梢，叶芽在下部，花芽在上部，有复花芽但多数质量差、难结果，也有少数品种结果较好。这种枝多着生在树冠内膛和顶部靠近延长枝处，结果后可发强梢，应酌情改造利用和修剪。多数品种是中长果枝结果较好较稳，应留用。

　　桃树的芽有叶芽和花芽两类。叶芽具早熟性，一年内可多次形成多次萌发，形成多级副梢。花芽为纯花芽，着生于新梢侧方叶腋内，顶芽一般是叶芽。芽在同一节位上常有单生和复生两种形式，单生的叫单芽，复生二芽以上的叫复芽。复芽中叶芽

和花芽组合的形式有多种多样，最常见的是一个叶芽与一个花芽组合而成的二芽并生和两侧为花芽中间为叶芽组合而成的三芽并生，极少情况下有四芽并生（图49）。所以，在桃树的每个枝节上既有叶芽单生和花芽单生，也有叶芽和花芽合生。这一点与苹果、梨等果树有所不同。除品种因素以外，果枝的长短也常影响单、复芽的数量。一般长果枝复花芽多，单花芽少，短果枝则单花芽多，复花芽少。同一品种的复花芽比单花芽结的果实大而甜。桃树的芽由于具有早熟性的特点，发育枝和结果枝常由主、副梢组成，营养好时均可形成饱满的花芽结果。营养不足时容易形成有节无芽的盲节。此处不宜短截，因为短截后不仅发不出枝，反而还容易枯死。桃树的芽形成后若翌年不萌发，容易失去活力而枯死，这是潜伏芽少的主要原因。即使有些能转化为潜伏芽，也多数寿命较短，所以大老树枝干下部常难以发生新枝而出现光秃。

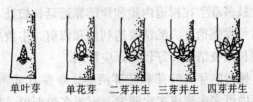

　　单叶芽　　单花芽　　二芽并生　三芽并生　四芽并生

图49　桃树的芽及其排列形式

　　3. 生长结果习性　桃树在春季先开花，后展叶，随气温升高进入迅速生长期。不同类型枝条生长节奏不同。一般瘦弱枝迅速生长时期短，次数少，无副梢。强旺枝迅速生长时期长，次数多，副梢多。所以，多数结果枝在结果的同时所发出的新梢一般生长较弱，不能形成副梢。不同类型的枝芽成花结果质量不同，壮果枝比弱果枝结果好，复花芽比单花芽结果好。中长果枝中上部和短果枝上部复花芽多而饱满，结果多且个头大，品味好。桃树上结果后不形成果台，也无果台副梢，其连续结果的能力是靠结果枝上留下的叶芽当年发梢成花而来维持的。所以，结果枝的剪截不能花芽当头，剪口必须留有叶芽。如果花芽当头，叶面积不够，有机养分不足，不仅当年结果不好且影响下年花芽分化，导致树体连续结果能力下降。

二、桃树整形修剪技术

(一) 树冠整形

1. 丰产树形确定　桃树由于非常喜光，其丰产树形多为无中心干的开心形类。目前生产上用得较多的是自然开心形和挺身开心形。

2. 整形技术要点　按第四讲内容进行修剪，还需注意以下技术要点。

(1) 骨干枝结构配置

① 干高与定干　桃树适合低干整形，干高30～50厘米为好，整形带宽20厘米为好，所以定干高度50～70厘米为好。北方品种较直立，可适当低

些。南方品种较开张，可高些。

② 主枝配置与培养　主枝是桃树最关键的骨干枝，配置与培养时应注意以下问题。

一是主枝基部的着生方式。三主枝邻接时各主枝生长势易均衡，但常与主干结合不牢固，结果负重后易劈裂，密植小冠负载量小还不要紧，但稀植大冠因负载量大则明显不行。三主枝邻近时结构牢固，但主枝间生长势多不均衡，一般是下强上弱。为避免这两种排列形式的缺点，三主枝之间常采取下二者临近而上二者临接的混合形式。也有对三主枝均采取邻近，而通过调整各主枝开张角度的差异和第一侧枝远近不同来达到各主枝相对平衡发展的目的（图50）。

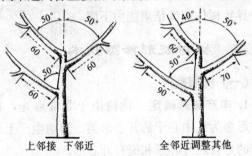

上邻接　下邻近　　　　全邻近调整其他

图50　桃树主枝的配置形式

二是主枝的开张角度。主枝开张角度与树体生长势、产量、寿命有密切关系。主枝过于直立，易发生上强下弱，下部和内膛枝已早衰、枯死而出现光秃。主枝过于开张，易发生枝头早衰而后部徒长，不仅影响树体结果而且会使寿命缩短。为了使树体成形进入盛果期后主枝的角度长期保证 45°～50°，在幼树整形期则应将直立型北方品种按要求开角，而开张型南方品种适当缩小到 40°左右，并注意随其树龄的增大不断调节和维持最好的角度。

三是主枝的数量。为了保持树冠通风透光，桃树的主枝数不宜过多，以 3 个为好。

四是主枝的灵活安排。主枝的数量、开张角度和基部着生形式根据品种特性确定以后，在目标树形中具体排列与培养时还应根据桃园地形条件等进行更科学、更实际的灵活配置。比如在山丘梯田桃园，可把第一、二主枝安排在背梯田壁的前空方向，第三主枝安排在朝向梯田壁的后坡方向，且开张角还可适当减小。以抬高枝位，适应地形，扩大主枝的延伸空间。

③ 侧枝配置与培养　侧枝培养宜早不宜迟，应在主枝的第四年生段以前培养好，培养过迟时易使树体上强下弱和下部果枝早衰枯死。主枝上第一侧枝距主干的距离应保持 60 厘米左右，以上侧枝间距可缩小到 30～50 厘米。侧枝在主枝上分层排列时，两个侧枝为一层，层内距要小，层间距要大。侧枝不分层排列时，间距可由下向上依次缩小。无论侧枝排列是否分层，同侧间距须保持 1 米左右，侧枝大小均为下大上小。侧枝数量还要考虑主枝数多少，主枝少时侧枝可多，主枝多时侧枝可少。侧枝角度应与主干延长线保持 60°～70°。

（2）结果枝组安排 整形同时在骨干枝上培养好大、中、小各种类型枝组。一般大枝组居下，中枝组居中，小枝组居上和插空培养。大枝组有 10 个以上分枝，中枝组有 5～10 个分枝，小枝组有 5 个以下分枝。枝组间距按同侧位置和同生长方向来说，大枝组保持 60～80 厘米，中枝组保持 40～50 厘米，小枝组保持 20～30 厘米，单结果枝保持 10 厘米左右。这样，下部的枝组体积大、生长强、结果稳、寿命长，有利控制结果外移和内膛光秃现象。

（3）快速整形技术 桃树的强旺枝一年可发 2～3 次副梢，这为冬夏剪结合加速整形提供了有利条件。所以，除冬剪时可选留培养主、侧枝外，夏季仍可连续整形，按要求保持各种骨干枝的合理角度与从属关系，突出延长头生长优势，控制不规则枝条竞争发展。这样，一年中就可先后选留出主枝和侧枝来，并利用适时摘心技术同时培养出结果枝组。

（二）修剪技术

1. 修剪时期及任务 桃树在一年四季均可修剪，但不同时期的修剪任务有所侧重。

（1）冬季修剪 冬剪任务主要是培养骨干枝、修剪枝组、控制枝芽量和平衡生长结果关系。桃树冬剪时期不宜晚，以免在早春发芽前树液流动后因修剪造成流胶，引起树势衰弱。

（2）春季修剪 春剪在萌芽开花后进行，主要任务：①冬剪时留花芽过多的树在花蕾期进行疏花，以集中营养增强坐果。疏留原则是在同一个枝条上疏下留上，疏小留大，疏双花留单花，预备枝上不留花。②用手抹除多余无用和位置角度不合适的新生芽梢，如竞争芽梢、直立芽梢、徒长芽梢、双生芽梢等。一般说被抹除的新生芽梢在5厘米以下时称抹芽，在5厘米以上时称除梢，其目的都是为了防止形成不规则枝条和无效消耗养分，减少伤口，促进保留新梢健壮生长。③当发现冬剪时骨干枝延长头的剪口芽新生枝梢其生长方向与角度不合适时，应在其下位附近的地方选留较合适的新梢改作延长头，而将原头在此处缩掉。④对冬剪时剪留过长的带花枝，可在下位结果较好的部位留一新梢进行回缩，无花枝可通过缩剪来培养位置较低和组型紧凑的预备枝组，这是防止结果部位外移的重要措施。

（3）夏季修剪 在5月下旬至8月下旬进行。修剪次数根据发育枝迅速生长次数而定，幼旺树2~3次，老弱树1~2次。修剪时间大体与新梢速长期相一致。修剪任务：①控制强旺梢。采用摘心、扭梢、剪梢、拉枝、刻伤等措施及早控制影响骨干枝生长的强旺梢，这样可集中营养保障结果和花芽分化，又可促进下部分生副梢形成新的饱满花芽，降低下一年结果部位，防止结果上移。摘心应及早进行，在新梢生长前期留下部5~6节摘去顶端嫩梢。扭梢和剪梢在新梢长到30厘米左右时进行，基部留3~5个芽。拉枝和刻伤根据需要进行。

大枝拉枝时以 80°开角为好，不能拉平。因大枝处于水平状态易削弱先端生长，后部背上容易冒条。②加速整形。利用副梢培养和调整骨干枝延长头，加速树冠成形和进入盛果期。方法是当新梢长达40～50厘米且延长头已发生较多副梢时，选用生长方向、角度较合适的副梢进行换头，剪去以上原头主梢。副梢延长头以下其他副梢行摘心或扭梢控制，以保新头副梢优势生长。利用副梢整形适合对直立旺长品种的树势控制。③疏除密乱梢。桃树一年内生长量大和多次分生副梢，非常容易密乱交叉，应及时去除竞争梢、徒长梢、直旺梢、重叠梢、并生梢、轮生梢、对生梢和交叉梢等不规则枝条。密挤枝应去直留平、去上留下、去弱留壮、去中间留两边，并配合衰老枝回缩更新保证树冠内膛通风透光。④疏果保产。幼果期及早疏除过多劣质果，可集中营养提高坐果增加产量，改善品质。疏果时可先粗后细分两次进行，也可一次疏定。疏留比例应根据树势和土肥水营养条件而定，树势强壮和肥水充足时可少疏多留，树势衰弱和肥水较差时应多疏少留。每节位上均应保留单果，以保证质量。

（4）秋季修剪　桃树夏剪如果及时到位，一般在 9 月后可不再秋剪。如果夏剪未做，枝条密挤造成树冠郁闭时也可酌情适当秋剪，以使树冠通风透光，并为冬剪打好基础。

2. 结果枝组的培养与修剪　按第四讲"结果

枝组培养与修剪"内容进行修剪，还需掌握以下技术要点。

（1）结果枝组的培养　桃树容易分枝和成花，结果枝组也容易培养。方法是连续短截和结合疏枝，也包括夏剪中的剪梢和摘心。每次修剪时应先疏后截，具体做法是去上留下，去直留平。留下的2～3个斜生枝再根据所培养枝组的大小进行不同长度短截。一般大型枝组用强旺枝培养，短截时留5～8个芽，需2～3年连续培养。中型枝组用强壮枝培养，短截时留4～6个芽，需1～2年连续培养。小型枝组用中庸枝培养，短截时留3～4个芽，一年即可培养成。在同一个枝组中，一般上部延长枝剪留稍长，下部结果枝剪留稍短，背下枝剪留稍长，背上枝剪留稍短（图51）。对瘦弱生长枝短截时要注意不能在有节无芽的盲节处剪截，只能在其下部有芽处短截，以防短截后不仅不发枝，反而造成枝条干枯。

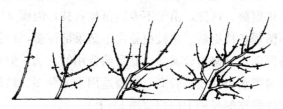

图 51　桃树结果枝组的培养

（2）结果枝组的修剪　结果枝组中应由长、中、短三种果枝组成，并在每个较大的分枝上应有一个小延长头。延长头要求斜上而弯曲生长，以防出现上强下弱。不同长短的结果枝在每年修剪时其剪留长度有所差异。一般长果枝留 5～8 节花芽短截，中果枝留 3～5 节花芽短截，短果枝留 2～3 节花芽短截。花束状果枝只疏不截，一般也不留用。短截的结果枝应以叶芽当头，不能花芽当头。枝组中的交叉枝应及时回缩处理，衰弱枝应及时更新复壮，过旺枝应及时疏除或改造控制。每年修剪时都应保留一半左右的预备枝。

（3）结果枝组的更新　盛果期以后的桃树，其果枝结果后难以发枝，需要及时更新。

① 单枝更新　在同一枝条上让上部结果下部发枝，第二年去上留下仍重复前一年的剪法。具体方法是冬剪时在结果枝的下位留 3～4 节花芽短截，使其在当年上部结果的同时下部发出新梢，作为下一年结果的成花预备枝；第二年冬剪时连同母枝段去除上部结完果的老枝，只留下部新的成花枝如同上年短截。这样，由于不专门留预备枝，因而又叫不留预备枝更新。单枝更新由于结果部位多，产量易保证，且修剪较灵活，是目前普用的方法。但此法对肥水条件要求较高，主要适用于复芽多、结果比较可靠的品种上应用（图 52 上）。

② 双枝更新　在同一母枝的基部留两个相邻的结果枝，上位的按结果枝留花芽短截使其当年结果，下位的按促发预备枝的修剪意图仅留基部 2～

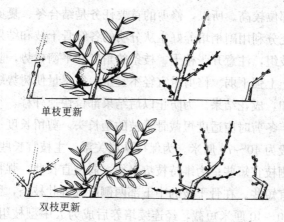

单枝更新

双枝更新

图52 桃树结果枝组的更新方式

3节叶芽重截，使其当年成花下年结果。每年冬剪时，上位结过果的枝连同母枝段一齐剪除，下位新的成花预备枝仍选留相邻的两个分枝并按"一长一短"的方法进行短截，重复上年的剪法。这样，由于留有专门的预备枝，又叫留预备枝更新。此法由于连年使用后下部发枝力减弱，目前在多数品种上单用较少，较多情况下是与单枝更新法结合使用（图52下）。

3. 不同年龄阶段的修剪 按第四、第五和第六讲内容进行修剪，还需掌握以下要点。

（1）幼龄树修剪 桃树的幼龄期是指桃树在定植后5～6年以前还未结果和结果不多的幼年时期。树体特点是枝性较直立，树体生长旺盛，发枝量大，具有较多的发育枝、徒长性果枝、长果枝和副梢。枝条虽易成花，但花芽少，坐果率低，且着生部位较高。所以，修剪的首要任务是结合冬、夏剪充分利用副梢培养好主从分明的各级骨干枝和结果枝组，注意开张枝干、枝条的角度和平衡树势，防止上强下弱。修剪量宜轻不宜重，以尽量使树势缓和，成花结果。为防止以后结果部位快速外移，每年冬剪时应适度短截骨干枝的延长头。剪留长度一般为40～70厘米。为保持从属关系，主枝宜长些，侧枝宜短些；为维持枝势平衡，弱枝宜长些，强枝宜短些。在骨干枝的中下部两侧应选健壮枝条，留30～40厘米短截，经连续培养后成为大中型枝组。对竞争枝、直旺枝应及时疏除或拉枝控制，在向枝组转化改造的过程中应注意冬夏剪结合，去强留弱，去直留平，并使其带头枝折线延伸，以保持枝组与枝干的从属关系。

（2）结果树修剪　结果树主要指结果较多而且质量较好的盛果期树，一般在定植后7～20年。树体特点是骨干枝比较开张，树势缓和，枝组齐全，强旺枝和副梢逐渐减少，短弱果枝增多，树冠下部与内膛小枝容易枯死，结果部位明显外移。所以，修剪上除骨干枝应适当加重短截外，主要任务是细致修剪结果枝组。方法是通过适当重截结果枝促发新梢，多留预备枝，调节好结果与生长的关系。结果枝与预备枝的比例依树冠部位高低决定，上部2：1，中部1：1，下部1：2。长果枝留6～8节花芽短截，中果枝留4～5节花芽短截，短果枝留2～

3节花芽短截。花束状果枝若有空间可留在2～3年生的枝段结果，一般应尽量多疏少留，更不能短截。只有这样才能控制花芽提高结果质量。生长季若发现花果过多，应及早结合修剪疏除。对衰弱的枝组应抬高枝头强化长势。对老化枝应及时回缩更新，尽量控制结果部位外移。对密乱交叉枝应及时疏除或回缩，以改善树冠内膛的光照条件。

（3）衰老树修剪 衰老树是指20年左右及以上枝干衰弱、枝组衰亡、产量与品质明显下降的高龄树。特点是中小枝组大量衰亡，大枝组与枝干整体衰弱；长、中果枝减少，短果枝和花束状果枝增加，结果枝结果后不能抽出健壮新梢，甚至枯死，树冠内膛和下部光秃，结果部位严重外移；花多果少，果实发育不良，个头小，易脱落，品质差。所以，在修剪上应以更新为主，结果服从更新。大、小枝都应加重短截和缩前促后，抬高枝头，控制花果，疏除密弱枝，集中养分强化长势。对发生在各个部位的徒长枝一定要注意适时改造利用，绝不可轻易疏除。衰弱的骨干枝可在下部较好的大型枝组处回缩，也只有回缩才能促使后部内膛发生新枝达到更新枝组的目的。回缩后的主、侧枝仍需保持从属关系。对其后部发出的新梢应及时短截加以培养，形成各种适合自身生长空间的枝组。

（三）主要品种类型的修剪

1. 南方品种群 包括上海水蜜、玉露水蜜、白花水蜜、离核水蜜、大久保、岗山白和各种蟠桃等。树体的生长结果特点是枝性较开张，顶端优势不很明显，树势比较缓和，树体生长比较均衡；开始结果较早，结果部位外移较慢；以中、长果枝结果为主，花芽节位较低，复芽较多，容易坐果；花芽越冬较安全，死亡率较低。整形修剪上应注意适当重截短留，以促发中、长果枝和控制花果量，防止树体早衰。幼树整形时主干应适当高些，定干高度可为70厘米左右，主、侧枝应直线延伸，且开角不宜过大。到后期的高龄大树骨干枝还应抬高角度，并结合疏花疏果强化树势。结果枝应适当重截短留，长果枝剪留5～6节花芽，中果枝剪留3～4节花芽，短果枝剪留2节花芽，花束状果枝尽量疏除不用。

2. 北方品种群 包括肥城桃、深州蜜桃、青州蜜桃、石窝水蜜、秋蜜、渭南甜桃、商县冬桃、天水齐桃、迟水桃、五月鲜、六月白、油桃、黄桃等。树体的生长结果特点是枝性较直立，顶端优势比较明显，生长势强，易上强下弱和内膛光秃；开始结果稍晚，结果部位外移较快；以短果枝和花束状果枝结果为主，花芽部位较高，单芽较多，坐果率较低；树体比较抗旱和耐寒，但不少品种花芽越冬不太安全，死亡率较高，尤其是长果枝上的花芽容易受冻。整形修剪上应注意适当轻截长留，以缓和树势促进成花和坐果。幼树整形时主干可适当低些，定干高度50～60厘米。主、侧枝应通过背后枝换头的形式使其曲线延伸，加大其开张角度，在转折弯曲处培养大、中型结果枝组，同时注意疏除或控制其延长头附近的竞争枝和直立旺长枝。骨干枝的延长头在剪截时适当轻剪长留，以削弱顶端优势控制上强下弱。结果枝也应适当轻剪长留，以缓出短枝保证结果。长果枝剪留 7~8 节花芽，中果枝剪留 4~5 节花芽，短果枝剪留 2~3 节花芽，花束状果枝酌情留用。但要注意无论剪留多长均须在剪口留叶芽，不能花芽当头。对花芽在冬季容易受冻的品种，冬剪时应适当多留花芽，春季发芽后再根据芽的活力复剪花芽。生长势强旺时，也可将冬剪时间推迟到发芽后进行。

第九讲
葡萄树整形修剪

一、葡萄树生长与结果习性

1. 树性 葡萄树为落叶藤本蔓性果树，根系发达，比较耐涝、耐旱、耐贫瘠和耐盐碱，对土壤适应性很强，具有较强的愈合和再生能力。树体非常喜光，容易成花结果。枝蔓虽然容易衰弱，但潜伏芽多，萌发力强，利于更新复壮，因而树体寿命仍然很长，产量也容易维持。幼树生长非常旺盛，一年可多次分生副梢，树冠成形快，结果早，但结果部位也容易发生外移。枝蔓生长极性明显，顶端优势强，但组织疏松，髓部较大，抗寒性差，因而在北方寒冷地区需要埋土越冬。根系在早春开始活动后到萌芽前，枝蔓的新鲜剪口容易发生"伤流"而影响树势，所以冬剪时期宜早不宜迟。这种伤流现象一般在树体萌芽展叶后逐渐停止。

2. 枝芽特性 葡萄树的枝多称为蔓，细长轻软容易弯曲，利于上、下架等各种管理。枝蔓根据大小及作用不同分别称为主干、主蔓、侧蔓、延长蔓、结果母蔓、新梢和副梢。其中主干、主蔓、侧蔓为多年生骨干蔓，延长蔓、结果母蔓为一年生

蔓，新梢、副梢为当年生蔓。在生长期，着生花序
并在当年能够结果的新梢称结果蔓，无着生花序和
果穗的新梢称发育蔓，当年无花序结果但经培养后
能形成饱满花芽下年结果的新梢称预备蔓。年轻的
新蔓具有明显膨大的节，节上着生叶片、芽、卷须
或花果。发育充实的枝蔓往往颜色深，节间短，外
表粗壮形状圆，内部髓心小且居中，冬芽饱满紧实
无茸毛，延伸形式呈折线，在修剪上应注意尽量留
用。发育不充实的枝蔓一般颜色浅，节间长，外表
细瘦形状扁，内部髓心大且偏位，冬芽顶裂松散露
茸毛，延伸形式呈直线，因而在修剪上应注意尽量
疏除和控制（图53左）。

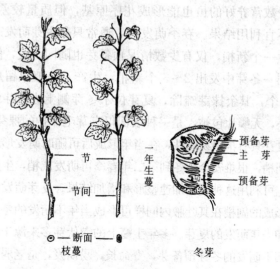

节

节间

一年生蔓

⊙—断面—◉

枝蔓

预备芽
主　芽
预备芽

冬芽

图53　葡萄的枝蔓和芽

葡萄的芽有冬芽和夏芽两种，同处于新梢上一个叶腋内。冬芽和夏芽在形态结构与活动特性上有所不同。冬芽较大而饱满，外有鳞片保护的被芽，为晚熟型，一般在形成的当年不萌发，除特殊刺激外通常需通过越冬后在翌年早春萌发。冬芽是由一个主芽和多个预备芽组成的复合体，又称芽眼。主芽位于中央，分化较深，发育较大。具有花序原基能开花结果的叫花芽，无花序原基而不能开花结果的称叶芽。花芽和叶芽在外形上不易区别。葡萄的花芽为混合芽，萌发后先长叶后开花。预备芽又称后备芽和副芽，位于主芽周围。预备芽构造与主芽相似，但分化程度和发育质量不如主芽。预备芽中少数营养好的虽也能形成花序原基，但质量较差，不宜利用结果。春季萌发时，通常只是主芽萌发产生一个新梢，仅有少数情况预备芽也随同萌发，使同一冬芽中发出 2～3 个新梢，生产上一般只留用 1 个，其余抹芽疏除；夏芽位于冬芽侧上方，芽体小，无鳞片包被，是一种表面仅有茸毛保护的裸芽。夏芽具有早熟易萌性，在当年形成后可随时萌发形成副梢，很难安全越冬到第二年春季再萌发成梢，生产上可利用这种副梢加速整形和增加结果。夏芽萌发后形成的副梢在其叶腋内同样可形成当年不萌发的冬芽和当年萌发的夏芽。多年生蔓上的潜伏芽多来源于长期不萌发的冬芽预备芽，寿命长，易萌发，是老弱枝蔓和衰老树体进行全面更新的重要基础（图 53 右）。

3. 生长结果习性 葡萄枝蔓容易发枝，也易成花结果，且在一年中可多次生长结果。因而葡萄树冠成形快、结果早、产量易保证。混合芽在早春萌发后先长枝叶后开花。花序及其形成的果穗多着生在结果蔓 3～8 节。欧亚种葡萄树结果部位低，花序果穗数少，一般自第 3～5 节开始着生，多数结果蔓仅 1～2 个果穗。美洲种葡萄树结果部位高，花序果穗数多，一般自第 4～6 节开始连续着生，一般结果蔓上果穗可多达 3～6 个。花芽分化始于开花前后，多数集中在幼果期 6～7 月形成。新梢上冬芽大多能形成花芽，除基部 1～3 节因其叶小而使营养积累晚冬芽分化较迟外，一般从下向上逐渐分化。优质花芽多在新梢中部 4～12 节上，5～7 节发育和结果最好。部位过下和过上的花芽都较差，修剪上一般不留用结果。品种长势强弱、引蔓方向和摘心早晚会影响花芽在新梢上的部位。一般长势强旺，枝蔓向上，摘心较晚，可使花芽部位提高。反之，生长势较弱，枝蔓平展，摘心稍早，可使花芽部位降低。生产上应按这些特性规律科学管理枝梢。新梢生长发育中产生的花序和卷须是同一起源物，枝蔓上不同节在上一年芽内分化时，营养充足时形成花序原基在萌芽后开花结果，营养缺乏时则形成卷须原基在萌芽后发生卷须起缠绕固定作用，这是葡萄自然生长的一种特性。在人工栽培中，卷须由于增加养分消耗和影响枝蔓管理操作，在夏剪时常被摘除。枝蔓成熟大体在浆果成熟期前后开始，由下向上进行，表现为木质化。充分成熟的枝蔓颜色深、质地硬、木质化好；营养积累多，保护组织发达，抗旱抗寒力强；花芽大而饱满，翌年生长结果好。所以，枝蔓在生长后期管理很重要，目标是尽量控制新梢生长，促进其充实和成熟。

二、葡萄树整形修剪技术

(一) 树冠整形

1. 树冠整形应考虑的问题 葡萄整枝的目的是为了通过培养好骨架结构将众多结果蔓、发育蔓合理分布于架面，以充分利用空间获得优质高产、健壮长寿和便于管理。骨干蔓整枝形式需要考虑：①在品种上，生长势强的选用较大型整枝树形，生长势较弱的选用小型整枝树形。②在立地条件上，气候温湿、土壤深厚肥沃和肥水充足的园地宜选用较大型整枝树形，反之宜选用较小型整枝树形。在冬季埋土防寒地区，树形结构要考虑枝蔓在上、下架时管理操作的方便，一般应选用无干主蔓型。③在技术水平上，果农技术水平较高时可采用树体结构较复杂的灵活性整枝形式，甚至还可试验一些富有创造性的新树形。技术水平较低时宜采用树体结构较简单和生产上应用较成熟的规则性整枝形式。④葡萄整枝形式要充分考虑与架式相适应，不适合架式的整枝很容易带来后遗症，严重影响树体中后期结果与寿命。

2. 树冠整形的方式方法 葡萄整形主要有三种方式。

(1) 扇形整枝 扇形是目前篱架栽培应用最多的整枝形式，棚架和篱棚架也用。基本结构有3～6条较长主蔓，在架面呈扇形分布。主蔓上有的还培养侧蔓，仍为扇形分布。有侧蔓时主蔓数可少，无侧蔓时主蔓数可多。在主、侧蔓上培养枝组和结果母蔓。扇形根据有无主干分为有主干扇形和无主干扇形，简称有干扇形和无干扇形。前者基部有主干，不便下架埋土防寒。后者是从地面直接培养主蔓而不要主干，便于冬季埋土上、下架作业。

① 扇形整枝主要树形 我国葡萄产区扇形整枝用得较多的是多主蔓无干自然扇形。结构是从地面直接培养3～5个主蔓，主蔓上有时还分生侧蔓，主、侧蔓上着生枝组和结果母蔓。此形整枝修剪很灵活，主、侧蔓和枝组数量与间距无限制，分布十分自然。各主蔓的粗度、长度及年龄也不一致，结果母蔓采用后述的长、中、短梢混合修剪方式（图54）。此形优点是主蔓多而小，枝蔓容易培养和更新。骨干蔓分布自然，枝组修剪灵活。树冠成形快，结果早，容易丰产。缺点是整形修剪过于随便，技术难以掌握，枝芽留量与密度不易控制，经验不足时架面容易出现枝蔓过多过乱、从属关系不明、通风透光不好、上强下弱和结果部位上移等现

象，这样容易使下部枝蔓衰弱干枯，影响中后期树形稳定和立体结果。

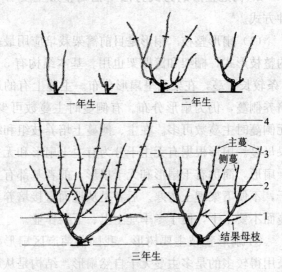

图 54　自然扇形及整枝过程

　　② 扇形整枝操作过程　　扇形类型很多，但整形过程大同小异。第一年先在萌芽前对定植的一年生葡萄苗依枝蔓粗细定干。无干扇形应在近地面处剪截。一般苗蔓粗度在 0.8 厘米以上的留 6～7 个芽短截，粗度 0.6～0.7 厘米的留 4～5 个芽短截，发芽后仅留 3～4 个健壮新梢培养主蔓，其余抹除。粗度 0.6 厘米以下时留 2～3 芽短截，发出壮枝后第二年再长留短截培养主蔓。主蔓新梢应及时在夏季用临时支棍扶直，使其生长健壮，较长的也可直接上架。副梢一律留一片叶摘心，以促进主梢发育

壮实。在秋季落叶后将粗度在 1 厘米以上的留 60～70 厘米短截，1 厘米以下的留 2～3 个芽短截。第二年，主蔓可发出几根较好新梢，副梢仍留一片叶摘心。主梢在秋季落叶后选上部粗壮的作主蔓延长蔓仍留 60～70 厘米短截，下部按侧蔓培养的留 5～7 个芽短截，其余留 2～3 个芽短截培养为枝组，枝组间距 20～35 厘米。将来结果母蔓采用短梢修剪时，枝组间隔可近些，采用中长梢修剪时可远些。上年短留的主蔓可发出 1～2 根新梢，秋季落叶后冬剪时选留一根粗壮的作为主蔓延长蔓仍按 60～70 厘米短截，其余疏除。也可在生长季只培养一条可作主蔓的壮蔓。第三年仍按上述方法和从属关系继续培养主、侧蔓和枝组。不培养侧蔓的树形，全部枝组都在主蔓上直接培养。主蔓高度达第三道铁丝，并具备 2 个侧蔓和 3～4 个枝组时，树形基本完成（图 54）。

（2）龙干形整枝　龙干形是我国多地葡萄老区广泛采用的整枝形式。一般多用于棚架，篱架和篱棚架中也用。适于丘陵山坡旱地园，地面管理方便，整形修剪简单。架面骨干蔓少，结果蔓多，分布均匀有序，通风透光好，果实质量高。缺点是前期枝蔓少，产量低；无侧蔓的主蔓更新较困难，且对产量影响较大；主蔓粗壮而长，不便于上、下架埋土防寒管理。

①龙干形整枝主要树形　基本结构是，从地

面或架面附近培养数条大小和长短相近的直向架面顶端延伸的主蔓，主蔓上不培养侧蔓而直接培养枝组。枝组间距20~25厘米，架面空间大时可用长、中、短梢混合修剪，架面空间小时用短梢和极短梢修剪。经短梢修剪而成的枝组，各结果母蔓很短，形似龙爪，俗称"龙爪"，直通顶端的主蔓称为龙干。龙干形整枝类型主要是从主蔓龙干多少、大小和有无主干三方面进行区分。这里主介绍无干形。

无主干龙干形可依主蔓龙干数量分为独龙干、双龙干和多龙干三种树形。生产上把一个植株中只有一个主蔓龙干直向架面顶端延伸的称独龙干形，两个龙干的称双龙干形，三个以上龙干的称多龙干形。从架式配套上说，独龙干形适于小棚架，双龙干形和多龙干形适于大棚架。生产上应用较多的是双龙干形，因为龙干过多、过少都有一定缺点（图55）。

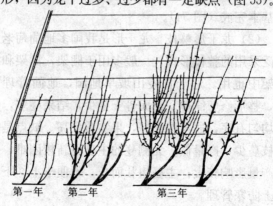

第一年　第二年　第三年

图55　双龙干形及整枝过程

② 龙干形整枝操作过程 龙干形整枝形式虽多，但整形过程相同。采用无干龙干形整枝时，第一年可对苗木从地面附近留 3～5 个芽短截，萌芽后选粗壮的新蔓作主蔓龙干培养，其余弱小蔓可疏除或短截后再对发副梢反复摘心控制。各主蔓新梢长度和粗度长势应基本一致。主蔓延长梢超过 1 米后应行摘心，使其发育粗壮。秋季落叶后，各主蔓均留 1 米左右短截。第二年，春季萌芽后仍需在主蔓顶端选一个健壮新梢作延长头，并保持较强生长优势，其他留 7～8 节摘心控制。秋季落叶后，主蔓龙干顶端的延长头可留 1～2 米短截，下部其他枝蔓均留 2～3 个芽短截。将来结果母蔓采用短梢剪法时每隔 20～30 厘米间距培养一个"龙爪"短梢枝组。但将来结果母蔓采用中长梢修剪时，枝组间距应扩大到 30～35 厘米。第三年后仍按上述方法继续培养主蔓龙干和枝组龙爪，在结果的同时尽快完成整形过程（图 56）。

（二）修剪技术

整形的目的是培养良好骨架结构，确定结果枝组分布形式与位置。修剪目的则是确定结果枝组中的枝芽量，更新老弱结果枝蔓，保证树冠枝叶通风透光和平衡发展。

1. 修剪时期及任务 葡萄树除早春萌芽前伤流期外，四季均可修剪，以冬夏剪结合为主。

（1）冬季修剪 冬剪任务主要是培养和维持合

理骨架结构，确定枝组位置与密度，控制合理枝芽量，调节下一年树体生长与结果平衡。冬剪时期不宜太早和太晚。过早在落叶后 10～15 天内修剪，会损失掉一年生枝蔓中向下部多年生枝蔓和根系中下运回流的养分。过晚在早春根系开始活动后到萌芽前树液流动期修剪，会使枝蔓新鲜剪口发生伤流而削弱树体，树液流动大约在萌芽前 20 天左右开始。所以，冬剪应尽量避开晚秋养分回流期和早春树液伤流期。在北方埋土防寒地区，为考虑及时下架埋土越冬，冬剪多在秋季落叶后到埋土防寒前进行，在不影响下架埋土操作情况下以尽量推后较好。修剪时为了考虑埋土和出土时对枝芽损伤，可适当多留 10%～20% 枝芽量。在冬季不埋土防寒地区，从秋季落叶后 2～3 周开始到来春萌芽前 20 天树液流动期以前均可修剪，但以严寒期过后开始修剪最为安全。另外，还要注意为避免剪口失水对剪口芽的影响，枝蔓在剪截时应在剪口芽以上留 3～5 厘米保护桩。节间短的品种或有茎髓害虫的地区，可剪在剪口芽上一节的隔膜处。

（2）春季修剪 在枝蔓上架萌芽后进行。主要是抹除多余无用和位置角度不合适的新生芽梢，以减少不规则枝蔓形成及对养分无效消耗，并尽量避免修剪伤口保证所留枝蔓优质生长。同一节上萌出两个以上芽梢时，仅留一个单枝即可，其余全部抹除。这叫抹除双芽枝。

（3）夏季修剪 在5月中旬至8月下旬进行。葡萄枝蔓萌芽率高，成枝力强，副梢多，易造成架面树冠郁闭影响通风透光和结果，需要夏剪次数较多。一般说至少应分别在5月中旬至6月上旬、7月上旬至中旬、8月中旬至下旬进行三次，有时更多。

① 抹芽和疏梢 为了减少营养无效消耗和保持架面树冠通风透光，除春剪时抹芽除梢以外，在夏剪中也应注意抹除和疏掉那些后发的多余无用枝，主要包括多年生骨干蔓上的隐芽梢、同一芽眼中的多芽梢、生长发育不正常的病芽梢和无生长空间的密挤梢等。一般枝蔓在架面上分布的合理密度是，篱架每隔10～15厘米左右留一个新梢，棚架每平方米留15～20个新梢。枝蔓过多时去留的原则是去弱留壮，去上留下，去副梢留主梢。

② 新梢摘心 结果蔓在花期摘心可提高坐果率，花后摘心可增大果粒，后期摘心可提高果实品质。发育蔓摘心可增加粗度提高枝芽质量。摘心长度是，结果蔓在花序以上留4～6片叶，发育蔓留10～12片叶，骨干蔓延长头应根据需要长度摘心，一般留13～20片叶。

③ 副梢处理 副梢是新梢叶腋内夏芽当年萌发形成的，且可连续多次发生。若对其放任不管，会造成枝叶密挤影响树冠通风透光，并加剧营养消耗而直接影响周围果穗正常发育。

结果蔓上副梢处理的方法有两种。一是花序以下副梢全部抹除，花序以上副梢每次留一片叶反复摘心。二是只保留顶端一个副梢，其余都抹除，被保留的顶端副梢延长梢每次留 2～3 片叶反复摘心。无论哪种方法，都必须保证结果蔓上有足够的叶面积，以保证浆果发育对有机营养的需求。一般认为每个结果蔓应保持 14～20 个正常大小的叶片。

发育蔓上副梢的处理方法是，第五节以下副梢可全部去除，以上每次留一片叶反复摘心。也有对最顶端一个副梢摘心时留 4～6 片叶。第二个以下副梢仍按上述方法处理。副梢处理在一年内需进行 3～5 次，工作量很大。为了在保证处理质量的前提下尽量减少处理次数和用工，有些地方采取一次性的彻底处理措施。方法是在第一次副梢摘心时随手用指甲轻轻将所留副梢叶腋内的冬芽扣掉，以后不再萌发新副梢，也就省去处理了。

④ 疏花序和整果穗 结果蔓花序过多，就需在开花前疏掉些，使营养集中到保留花序提高结果质量。一般说鲜食的大粒品种每果蔓留一穗为主，少数壮蔓留两穗。小粒品种每果蔓留两穗。有些品种果穗稀疏，果粒大小与成熟期不一致，严重影响果穗整齐美观，需要加以整理。整理方法是掐穗尖和去副穗，时期在开花前一周左右用手掐去即可。掐穗尖时以去掉全穗长 1/5～1/4 为宜，去副穗时应齐根掐除。如花前未来得及整理花序，在花后幼果期也可对果穗进行整理（图 56）。

⑤ 绑蔓与除卷须

绑蔓是为了防止风摆损伤枝条和枝蔓在架面分布合理，且穗距均匀。这有利于枝蔓在固定有效空间内充分利用阳光而提高果实产量与品质。绑蔓时可通过改变其姿势调节生长势。强蔓平斜引绑，以削弱长

图 56 果穗的整理

势。弱蔓直立引绑，以增强长势。绑蔓时期与次数应依枝蔓长度决定，一般每生长 40～50 厘米绑一次。为防引绑枝蔓在架面铁丝上随风滑动，又不影响其加粗生长，引绑时应先将绑绳在铁丝上扎一个"猪蹄死扣"且拉紧，并将其中之一的扎头多绕铁丝一圈后再将两个扎头扭转两圈，然后再把枝蔓拴在一个较松大的圈套内。

⑥ 剪梢和疏梢 在 7、8 月中后期新梢生长缓慢时，适量处理在生长前期未加控制的旺密新梢，对改善架面光照、调节养分、促进枝蔓和果实成熟非常有效。剪梢疏梢一是注意对枝量较少的弱树不得进行，二是不能过早过重。因为弱树越剪越弱，枝量越剪越少，旺树剪得过早过重反会刺激枝蔓再次生长，影响枝蔓和果实发育质量，成熟度因而降低。

⑦ 培养更新枝蔓 对多年生骨干枝蔓需要更新的老弱树,事先应在植株的下部选留一定数量的新生萌蘖通过摘心促壮的技术措施进行培养,以作为将来更新时所用的预备枝蔓。没有萌蘖时可用刻伤生枝的方法促使潜伏芽萌发抽生萌蘖。刻伤后为了保证抽发好的萌蘖,还应对前部枝蔓适当平压,以促进后部刻伤芽萌发成枝力。

(4)秋季修剪 在果实成熟期前后打掉或摘除新梢下部的衰老叶片。有助于改善树冠光照与树体营养条件,促进果实成熟与着色,增加树体营养积累,提高枝蔓发育质量。秋梢旺长时可对其进行摘心控制,以被迫停止生长消耗,使枝芽发育更加充实。

2. 结果枝组培养与修剪 按第四讲"结果枝组培养与修剪"内容进行修剪,还需掌握以下技术要点。

(1)结果枝组培养 结果母蔓剪留长度有短梢、中梢和长梢三种修剪方式。一般短梢修剪留1~4个芽。也有的又将其中剪留1~2个芽的剪法叫做极短梢修剪。中梢修剪留5~7个芽。长梢修剪留8~10个芽以上,实际中12个芽以上的极长梢修剪用得不多。这三种剪法各有利弊。长梢剪法所留枝芽较多,操作灵活,结果蔓分布较松散,互相干扰少,光照好,利于枝蔓更新。但缺点是具体剪留技术难掌握,树体易失去平衡,常有上强下弱和结果部位外移现象。短梢剪法所留芽眼较少,操作比较规则,技术容易掌握,结果蔓分布紧凑,能有效防止结果外移。但缺点是枝组内枝蔓间容易相互干扰遮光，影响果实质量，特别是不利于树体中后期枝蔓更新。中梢剪法在这两方面都能兼顾，但优缺点都不突出。在实际修剪中很少单用某一种方式，而常是以某种修剪方式为主，同时配合其他方式相互取长补短。

枝组培养主要技术就是在冬剪时根据品种特性、枝芽质量、整形方式和栽培管理水平情况等确定结果母蔓剪留长度。一般植株生长旺、枝蔓基部芽难以成花、枝芽质量好、扇形整枝和肥水条件较好时，应以中、长梢剪法为主，同时配合短梢修剪。反之，植株生长弱、枝蔓基部芽容易成花、枝芽质量不好、采用龙干形整枝和肥水管理较差的情况下，应以短梢剪法为主，同时配合中、长梢修剪。每个枝组中应培养2个结果母蔓或者1个结果母蔓和1个预备蔓。结果母蔓采用中、长梢修剪时必须采用后述的双枝（蔓）更新法。枝组在同一骨干蔓上的间距，在短梢修剪情况下应保持20～30厘米，在中长梢修剪双枝更新时应扩大到30～40厘米。在此范围内，小枝组可近些，大枝组要远些，从而使枝组间和枝组内都能保证通风透光。

为便于记忆和实际操作，我们将以上冬剪时两种方法分别归纳为"1.4.8"短梢剪法和"1.3.6"中长梢剪法。即短梢修剪时，1米长的骨干枝轴上培养 4 个分双杈枝组，共 8 个结果母枝；中长梢修剪时，1 米长的骨干枝轴上培养 3 个分双杈枝组，共 6 个结果母枝。每枝组内剪留的中长梢为下年开花结果的结果母枝，剪留的短梢则为下年不开花结果而必须形成优质花芽下年结果的预备结果母枝（图57）。

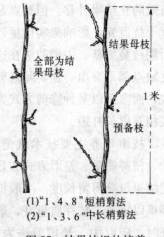

全部为结果母枝

结果母枝

1米

预备枝

(1)"1、4、8"短梢剪法

(2)"1、3、6"中长梢剪法

图 57　结果枝组的培养

（2）结果枝组修剪

① 枝蔓留量确定。母蔓长度确定后，其留量成为密度的决定因素。以下推算公式可供参考：

每株留结果母蔓数＝每亩计划产量（千克）/每结果母蔓平均留果蔓数×每果蔓平均果穗数×每果穗平均重量（千克）× 每亩株数

例如：某葡萄园，品种为玫瑰香，每亩计划产量 2000 千克，根据历年经验每结果母蔓平均抽生 2 个结果蔓，每个果蔓平均结 2 穗果，每个果穗平均重 0.25 千克，每亩栽植 100 株，则：

每株留结果母蔓数＝2000/2×2×0.25×100＝20（个）

实际修剪时，还应比计划数多留 10～20 个，以防埋土防寒上下架作业时意外损伤和其他原因造成不萌发果枝的情况。还应考虑树势因素，旺株适当多留、弱株适当少留。

② 枝蔓密度调整　根据架式树形、枝势强弱和枝组大小不同，在冬剪时保持枝组间距 20～40 厘米前提下，生长季新梢密度也应具体化。一般篱架架面新梢在垂直引缚时，每米长的主、侧蔓上可留 7～8 个，最多不超 10 个，间距 10～15 厘米。棚架架面新梢每平方米范围内应为 15～20 个。树势强时适当多留，树势弱时适当少留。再以此推算每株留枝量。

③ 枝蔓长度控制　为了保持架面通风透光，除冬剪时通过长、中、短梢三种不同剪法控制结果母枝长度外，夏剪时结果枝组中新梢长度主要靠摘心控制，主梢一般不超 10～12 个叶，副梢一般不用而仅留 1～2 片叶尽早摘心，少数发育较好可利用时留 5～7 片叶摘心。

④ 枝蔓去留原则　枝蔓密度过大超过空间和营养承受时，需疏除一部分。去留原则"六去六留"，即去远留近，去双留单，去弱留强，去老留新，去病残留健全，去徒长留壮实。

（3）结果枝组更新　结果枝组超过一定年龄后生长结果能力逐渐衰退，须及时更新。

① 单蔓更新　冬剪时在同一条二年生母蔓上只留基部一个壮蔓作下一年结果母蔓，并根据强弱采

用长、中梢修剪，以上完成结果的部分全部剪除。
第二年春上架时将冬剪留下的结果母蔓拉平以促其
中下部发枝结果。发枝后在夏季将最基部的一个新
梢垂直上引，摘除花序不让结果，培养成下一年能
开花结果的健壮预备蔓，其余新梢尽量让当年开花
结果。冬剪时仍按上一年剪法，去上留下。这种方
法的特点是，冬剪时只留结果母蔓，不留预备蔓，
植株上新梢少，能减少互相遮阴，易于修剪管理。
但修剪技术掌握不好，结果母枝基部不易萌发预备
枝。所以，一般多用于发枝力强的品种（图58左）。

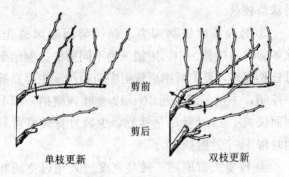

图 58　结果枝组的更新

　　② 双蔓更新　冬剪时剪除上位已结过果的二
年生蔓，在下位同一条二年生蔓上剪留一长一短两
个当年生新蔓。一般长蔓在上位，采用中、长梢修
剪，作为下一年结果母蔓；短蔓在下位，留 2～3
个芽短剪，作为下一年预备母蔓。第二年，结果母
蔓萌发结果蔓结果，预备母蔓萌发 2 个新梢，摘除

花序不让结果，培养为具有饱满花芽的预备蔓。冬剪时仍按上述上一年剪法重复操作（图58右）。

③造蔓更新 有些长期修剪不周的枝组虽老弱无力需要更新，但往往其下部无新蔓可替换。这时唯一的办法是尽快把下部较好的多年生蔓拉成头略朝下的"弓"形，并在"弓"的后半部刻伤，促其潜伏芽萌发新蔓。当有了新蔓后，可将"弓"前部的老弱枝组缩剪掉，同时将新蔓按培养枝组的要求进行短截。生长季再通过摘心和处理副梢的方法促使枝蔓增粗变壮。树体营养较好时也可利用健壮副梢加速培养。这样经2～3年一个新的结果枝组便可形成。

3. 不同年龄阶段修剪 按照第四、第五和第六讲内容修剪，还应掌握以下技术要点。

（1）幼龄树修剪 葡萄幼树是指定植后5年以前处于低产阶段的小树。其特点是树体长势旺，分枝多，容易发生健壮副梢和成花结果，正是培养骨干蔓和结果枝组进行树冠整形的有利时期。为了加快整形速度和提高早期产量，除冬剪外还可在生长期充分利用副梢进行整枝，连续培养主、侧蔓和结果母蔓。目标树形的选择主要应考虑品种特性、适用架式和修剪方式。力争在5年左右使骨干枝基本定型和枝组基本定位，使产量稳快提高。

（2）结果树修剪 结果树主要指盛果期树，一般在定植后6～20年。在整形修剪技术中，不同的

架式与树形会明显影响盛果期长短。一般篱架整形
可达 10～15 年，棚架整形可达 15～20 年。此时期
的修剪重点是不断理顺、调整和更新结果枝组，培
养优枝优芽，平衡枝势，疏花疏果，控制结果部
位，保持架面树冠通风透光条件与优质高产能力。

（3）衰老树修剪　葡萄树容易早果丰产，也容
易衰弱。管理不当 8～10 年后就开始衰弱，结果力
随之下降。管理较好的情况下可将衰老期推延到 20
年以后。衰老表现是：一年生枝蔓细弱无力，芽子
瘦小，生长结果能力衰退，多年生骨干蔓下部光秃
无枝，整个植株的新生枝蔓和结果部位严重上移，
超过架面。这时就须从多年生大枝蔓上进行更新。

① 局部小更新　对个别严重衰弱的老骨干蔓
在下部新蔓处逐步回缩，对还有一定结果能力的另
一些骨干蔓暂时保留，当更新蔓生长到一定大小且
具有一定产量时再将这些暂留的老骨干蔓在下部新
蔓处回缩。此法对植株在更新期的产量影响较小，
应用得较多。

② 全面大更新　对整株严重衰弱的树一次性将
所有骨干蔓在下部留新蔓全部回缩，甚至从根部萌蘖
处彻底去除。此法对植株在更新期的产量影响较大，
一般不多采用。但对管理特别粗放已造成全园植株病
虫累累几乎处于衰亡状态的葡萄园，则可采用此法。

③ 枝干埋压更新　有些植株着生新蔓和结果
的部位严重上移，主、侧蔓枝干的中下部已光秃无

枝，仅顶端部位有较好的枝蔓维持着树体的产量。这种树更新时为了不影响产量，可将老蔓中下部光秃的枝段通过弯曲埋压于附近的土中，仅把上部健壮枝蔓留在地面以上，重新从架基部按照适合的树形引缚培养新的骨干蔓，以达到降低枝位和更新树体的目的。

（三）主要品种类型的修剪

从葡萄品种适宜的修剪方式上来说，可分为中长梢修剪和中短梢修剪两大类型。适合中长梢修剪的品种均为植株生长旺、结果母蔓基部芽成花难和结果不好的品种，如龙眼、牛奶、无核白、赤霞珠、巨峰、先锋、黑奥林、京早红、无核白鸡心、乍娜、金星无核、红指、无核早红和多数美洲品种。适合中短梢修剪的品种均为植株生长中庸或较弱、结果母枝基部芽易成花且结果较好的品种，如莎芭珍珠、玫瑰露、玫瑰香、早黑宝、黑汗、白香蕉、金皇后、白玫瑰、凤凰51、京秀、京亚、绯红、红提、黑大粒、早黑宝、粉红亚都密、奥古斯特等。

第十讲
枣树整形修剪

一、枣树生长与结果习性

1. 树性 枣树是中小落叶乔木，枝芽特性与生长结果习性和其他果树有所不同。枣树喜光、喜温、抗旱、耐湿、耐瘠薄、耐盐碱，对风土条件适应性强。成花结果早，连续结果好，自然更新能力强，结果寿命长。树冠自然分层，枝性坚硬，干性强，自然生长时萌芽率高，成枝力弱，顶端优势不明显。幼树往往大枝比较直立，延长生长能力强，但分枝少，独伸单干枝多。发枝无规律，树冠难以规则整形。大树骨干枝少而稀疏，无法按目标树结构定位培养。枝干下部容易光秃，树冠内膛多显空虚。根系发达，易发生大量根蘖。树体发芽迟，落叶早，休眠期长。结果大树枝干上潜伏芽多，寿命长，容易萌发成枝，利于树体更新复壮。修剪反应迟钝，短截后发枝不多，树冠整形时培养骨干枝较难，但枝组修剪比较容易。

2. 枝芽特性 枣树枝芽与一般果树不同（图59）。

（1）枝的特性 枣树枝性硬，大枝角度与姿势需早调整。

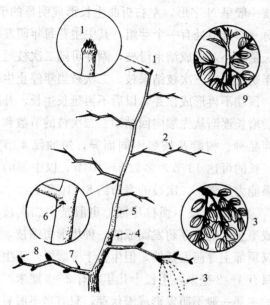

图 59 枣树的枝和芽

1. 枣头顶生主芽 2. 永久性二次枝 3. 枣吊 4. 枣头萌发处
5. 枣头主轴（一次枝） 6. 枣头枝腋间主芽 7. 多年生二次枝
8. 多年生枣股 9. 主芽萌发状

① 发育枝 惯称枣头、滑条。枣头由主芽萌发生成，可连续单轴延伸形成树冠中各种骨干枝。枣头在其中心主轴一次枝延伸的同时可萌发 10～20 个永久性二次枝，以后发展为结果基枝，进而发生结果母枝和结果枝。所以，枣头既是营养生长枝也是单位结果枝组。

② 结果基枝 惯称二次枝。是由枣头一次枝主轴中上部副芽当年同时萌发而成的永久性枝。二

次枝一般呈 N 字形，左右折曲生长形成明显的节，在每一弯折节处有一个芽组，其中主芽每年萌发后生长量很小，形成结果母枝，副芽可随二次枝延长当年萌发形成三次枝结果枝。二次枝当年停止生长后，顶端不再形成顶芽，以后不再延长生长，并随树龄增长逐渐从先端向回枯缩。二次枝的节数和长度因品种、树龄及枝势不同而异，短的仅 4 节左右，长的可达 13 节，多数 5～10 节，以中部的节结果能力最强。二次枝的寿命约 8～10 年。

③ 结果母枝　惯称枣股。枣股是由二次枝弯节或枣头上的主芽萌发而成的一种塔形短缩枝，每年仅顶部主芽萌发延伸，但生长十分缓慢，年生长量只有 1～2 毫米，生长十几年才有 2～3 厘米。侧生的主芽一般不萌发形成潜伏芽，只有当枣股衰老时才萌发形成分杈枣股，惯称"老虎爪子"，这种枣股生活力和结果力较差。枣股的重要性在于每年由其侧生的副芽抽生 2～7 个结果枝开花结果，营养充足的情况下结果枝受到损害后枣股还可再次伸长 1～2 毫米，重新抽生结果枝结果。若营养不足，二次抽生的结果枝短小细弱，结果力差。枣股寿命因品种和营养管理不同而异，多为 8～10 年，树冠开张、光照充足、肥水较好时，寿命可延长到 10 年以上。枣股结果能力与其年龄、着生部位及方向有关，1～2 年生坐果率低，3～7 年生坐果最好，8～12 年生结果力明显衰退，12 年生以上很难结

果。二次枝枣股比枣头枣股结果可靠，向上生长的比平生和下生方向的结果能力强。

④ 结果枝　惯称枣吊。枣吊是一种脱落性结果枝，由于结果后呈下垂状态而得其名。枣吊比较纤细，由枣股上的侧生副芽抽生而成，具有同时结果和长叶双重作用，因而又称"两型枝"。枣吊均在结果完成后随叶一同脱落，一年中多为一次生长，很少有分枝，一般长约 10～25 厘米，13～17 节。强壮树枣吊节数多而长，瘦弱树节数少而短。在同一枣吊内，多以中部 4～8 节叶面积大，3～7 节结果多。枣吊从基部第二、三节起，在每个叶腋内着生一个花序，含 3～15 朵花，以中心花结果好。枣吊在花期以后如继续生长，消耗养分对坐果不利，用摘心方法抑制先端生长，可使营养集中有利坐果，并使果个增大。

（2）芽的特性　枣树的芽是由主、副两种芽共同组成的一个主皱梢和几个副皱梢生长在一起的复芽体，也称芽组。主、副芽有着不同的着生位置、形态结构和生长发育功能。

① 主芽　主要着生在枣头、枣股顶端和枣头一次枝、二次枝叶腋间及枣股侧位。主芽外包鳞片主要作用是抽生新枝，使枝条不断向前延伸。一般顶端主芽在翌年即可萌发成枝，侧位的主芽通常不萌发成为潜伏芽，只有受特殊刺激后才萌发抽枝。幼旺树上强壮枣头顶端的主芽可连续生长 7～8 年

或以上，只有当生长势力衰退时才形成枣股，萌发枣吊开花结果。

② 副芽 位于主芽侧上方，为早熟性芽，当年即可萌发。枣头上侧生的副芽下部的萌发成脱落枝枣吊，中上部的萌发成永久性二次枝。永久性二次枝各节叶腋间的副芽可萌发为三次枝。着生于枣股上的副芽一般均萌发为枣吊开花结果。

3. 生长结果习性 幼树一般枣头较多，生长很快，但枣头发生无规律且多单轴延伸而分枝少，所以树冠扩展不快。主、侧枝难以按部位要求培养，树冠难成规则树形，因而整形修剪上只能因势利导，按通风透光和整体平衡原则随枝作形。到了5～7年生，枣头生长势稍减，分枝逐渐增多，树冠开始较快扩大，枣股上抽生较多枣吊，但花多果少，坐果不好产量较低。到10年生后，树冠扩大更快，结果部位增多，坐果提高，产量上升。15～20年生后开始进入盛果期，树冠外围的枣头不再明显延长，树冠扩大很慢甚至停止，产量较高。一直到50～80年后，植株逐渐衰老，结果能力减弱，产量与品质显著下降，枝条出现干枯，树冠体积逐渐缩小，内膛和枝干下部萌生徒长枝，树体开始自然更新。

二、枣树整形修剪技术

过去枣树修剪只重视结果而不重视树冠整形，只重视开甲而不重视枝组更新。枣树要实现优质丰产和长寿多收，须从幼树开始整形修剪一齐抓，培养好骨干枝和结果枝组。

（一）树冠整形

1. 丰产树形确定 根据枣树层性明显和喜欢光照的特点。乔化稀植可用分层开心形、挺身形等，矮化密植可用斜十字形、二权开心形和各种树篱形等。

2. 整形技术要点 可按第四讲内容进行整枝修剪，还需掌握以下技术要点。

（1）主干高度应根据种植结构和目标树形决定。长期间作的稀植园应稍高些，一般为 1.5 米左右。非间作的封闭式稀植园应稍低，以 1 米左右为好。矮化密植的封闭园应再低些，以 0.5～0.7 米为宜。但要注意，即使间作稀植园主干也不宜过高。因主干过高，树冠变小，树势弱，骨干枝不易培养，会使结果延迟和结果部位减少，最终影响树体丰产和长寿。

（2）定干在春天发芽前进行，高度为主干高度加 30～40 厘米整形带宽度。定干后要注意重截控制整形带内二次枝和疏除清理整形带以下主干上二次枝，以节省养分促进整形带内苗干上主芽萌发新枣头。这样有利于选留与培养中心干和下部第一层主枝。具体做法是，对枣头苗定干剪截后，还需当即将剪口下第一个二次枝从基部去除以促使剪口主芽抽生枣头培养中心干，否则主芽一般不萌发，这就是枣树上"一剪子堵，两剪子出"的促枝修剪经

验。其下选 3～4 个二次枝各留 1～2 节短截，促其
萌发枣头培养第一层主枝。对第一层主枝以下主干
上二次枝应全部疏除清干。清干对促进上位中心干、
主枝形成和加速树冠生长起重要作用（图 60）。

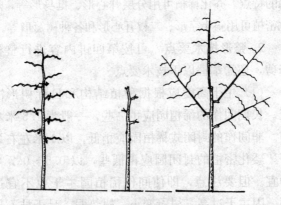

图 60　枣苗枣头的定干剪截

（3）培养主、侧枝和枝组过程中，若枣头分生
过少不够选用时，除可用重截刺激外还可用主芽刻
伤法促其增发新枣头。刻伤最好是粗度在 1.5 厘米
以上壮枝中上部饱满主芽上方 1～2 厘米处进行目
伤，时期以萌芽前树液流动期最好，同时剪除刻伤
芽节位上方二次枝。

（4）枣树萌发枣头无规律，在骨干枝培养上可
适当灵活。主、侧枝位置与方向不太合要求时，可
用拉引方法加以调整。同级同层骨干枝生长不平衡
时，过于强旺的需加大角度，适当重截，多留二次

枝，使其生长势转弱。过于弱化的需抬高枝头，适当长留，并疏除部分二次枝，使其生长势强化复壮。

（5）枣树的枝条比较硬，对各种骨干枝的角度、姿势和方向等应及早调整好，对各种不规则枝条也应及早控制改造。以防长大增粗进一步变硬后难做矫正，造成树冠歪身偏头等不良后果。最理想措施是冬夏剪密切结合，从小从早有计划按要求适时培养和调控各种枝条发展。这样修剪量轻，节省养分，能避免"重伤手术"，使树体生长快，利于早成形和早结果。

（二）修剪技术

1. 修剪时期及任务 枣树落叶早，生长期短，实际上只有冬剪和夏剪。

（1）冬季修剪 落叶后到翌年萌芽前均可修剪，但考虑枣树休眠期长，修剪过早伤口愈合和剪口芽存活不利，所以冬剪最好是严冬过后 2～4 月期间。主要任务是培养骨干枝，修剪枝组，疏除密挤枝和控制改造不规则枝条，回缩更新年下垂衰弱的多年生老乱枝。

（2）夏季修剪 多在 5 月下旬至 6 月中旬开花坐果期进行。主要任务是理顺各种骨干枝、枝组的从属关系和层性结构，及早控制改造各种新生的不规则枝条，去除密生枝改善树冠内膛光照，抑制新生枣头旺长，减少消耗，积蓄养分，提高坐果率。技术措施有抹芽、疏枝、摘心、剪梢、拉枝和环剥等，具体方法将在后述"保花保果修剪技术"内容中详述。

2. 结果枝组培养与修剪 按照第四讲"结果枝组培养与修剪"内容进行修剪，重点掌握以下技术特点。

（1）结果枝组培养 枣树上因作主、侧枝培养的枣头二次枝可兼行结果，因而结果枝组培养多在幼树整形中后期，若培养过早易干扰骨干枝正常生长。枝组分布以中心干层间和主、侧枝两侧为主。少数背上直立枣头要拉成60°斜角，以免过旺影响原头生长和光照进入。骨干枝背下一般不留枝组，因下垂枝组易遮光和衰弱，结果质量差。同侧同向枝组间距保持80～100厘米，大枝组远些，小枝组近些，过密枣头及早疏除。枝组大小根据所处位置与空间决定，一般中心干层间和主、侧枝下部空间较大，可培养长度1～1.5米大型枝组。中部较大空间可培养长度0.8～1.0米中型枝组。上部为保证骨干枝延长头生长，以长度0.5～0.8米小型枝组为主。各种骨干枝中下部在大中型枝组中间也可插空配置小枝组。枝组达到需要大小时应及时摘心控制，促其下部二次枝健壮生长，并始终保持与骨干枝延长头的主从关系。若长势较弱一年生长达不到要求大小时可缓放，第二年后再摘心。多年生骨干枝若开角过大，背上易萌发大量直立枣头。这时可根据间距要求适当疏除，将留下的通过拉枝、摘心和短截加以改造培养为枝组。骨干枝原头衰弱无力时可在中上部选留一个强壮枣头培养新头，当其粗度超过原头粗度一半后将原头回缩掉。促生新枣头的方法，一是可重截骨干枝原枣头及剪口下二次枝，使中轴一次枝剪口主芽和下部邻近二次枝剪口主芽同时萌发，形成新枣头。二是可在主芽上方目刻促发新枣头。新枣头如果在原骨干枝中轴一次枝顶部，仍按骨干枝延长头培养，下部侧生二次枝上新枣头可通过摘心、剪梢等方法培养结果枝组。

（2）结果枝组修剪　枣树结果枝组修剪可归纳为"一除，二控，三理，四更新"4种方法。"一除"是指用疏剪方法除去位置不适和徒长拥挤的密生枣头，生产上叫"扒枝"。"二控"是指用拿枝、刻伤方法控制旺长直立枣头。"三理"是指用剪截方法理顺那些交叉、重叠、挡风遮光的乱生枣头。"四更新"是指用回缩方法更换那些年龄老化、生长无力和结果不好的弱生枣头。结果枣头是否老化，主要看枣股年龄与结果能力关系。一般说枣股以3～7年生结果力最强，超过8年后明显衰退，这时就需有计划地逐步轮替更新。枣股年龄可根据每年生长仅1～2毫米特性来判断。枣股的结果能力还与品种及肥水管理条件有密切关系，具体更新时应以在生长期对各种年龄枣股坐果与结果能力的观察结果为依据，做到适树适剪和依枝更新。

3. 保花保果修剪技术　枣树花量虽大，但落花落果很严重，一般自然坐果率只有花总数1%左右。实践证明，坐果期合理夏剪，改善树体营养，调节生长结果矛盾，可提高坐果率。

（1）抹芽和疏枝　5月上旬萌芽抽梢期抹除无用嫩芽，可节省养分增强枝势提高坐果率，同时也能减少下一次冬剪时疏枝伤口。若没有及时抹芽，则5月底到6月初进行疏枝。

（2）摘心和剪梢　5月底到6月初开花坐果期对枣头上的各种新梢进行摘心，可控制枝叶生长减少养分消耗，缓和梢果之间争夺营养矛盾，有利于提高下部枝梢发育质量和坐果率。摘心程度主要根据空间与枝组培养大小决定。一般空间大需培养大型枝组时，对枣头一次枝在出现7~9个二次枝时摘顶心，对二次枝在6~7节时摘边心；在空间小需培养中小型枝组时，则应在出现4~6个二次枝时摘顶心和3~5节时摘边心。枣吊留5~6节摘心也能有效提高坐果率，但幼果太多肥水跟不上时以后仍要脱落。早期若对新生枣头没及时摘心，则需在6月上中旬留3~4个二次枝剪梢。强旺枣头一次摘心或剪截不易控制时，需每隔半月左右连续2~3次才能达到目的。摘心和剪梢两种方法以摘心效果最好。

（3）拿枝和拉枝　在6月上中旬坐果期对已摘心直立的新生枣头进行拿枝软化和水平拉枝，可有效抑制其顶端再次生长而使养分集中于花芽分化，有利于当年开花结果。如树冠偏形有缺枝空位，可将内膛和其他部位多余的强壮枣头或徒长枣头拉过来填补空间，使树体趋向平衡。若被拉枣头强大，为防止拉枝后再引起冒长条，可在拉枝的同时在其基部进行环刻。

（4）环刻和环缢 6月中下旬盛花期，环刻枣头基部7～10厘米处皮层一周，深度不能过深过浅。过深损伤木质部易发生风折，过浅达不到截留养分提高坐果率目的。环缢是在枣头基部4～6厘米处先用线绳拉伤皮层一圈，然后把绳子绑在受伤部位，约过20天达到坐果目的后解除。注意解除过早达不到提高坐果率效果，过晚形成"蜂腰"过深，枝条易发生风折。

（5）开甲 枣树环剥叫开甲，是枣树上提高坐果率最有效的技术之一，不仅适用于任何品种，且操作方法简单。开甲一般在6月盛花期天气晴朗时进行。位置以离地面20～30厘米为好，以后每年或隔年向上移3～5厘米再开，直到主枝分叉处后再返回从下向上开"回甲"。宽度以0.3～0.5厘米为宜，强旺树稍宽，中庸树稍窄，弱树不开。深度剥到木质部为宜，不留残皮。剥后甲口要涂药防虫和包扎保湿，也可抹泥保护。开甲要因树制宜，注意"三不开"，即"小树不开，衰弱树不开，不到时间不开"。一般说，开甲树的年龄应在15～20年生以上，干粗在12～15厘米以上，为盛果期大树。开甲树长势要强旺健壮，且开后土肥水管理要跟上。枣树开甲可增产30％～50％，但也有削弱树势的作用，所以强壮树效果才好。开甲后如肥水不足易发生树势衰弱和叶色变黄，这时应停止开甲养树 2～3 年，等树势恢复后再继续开。

（6）疏花疏果 枣树花与幼果过多，若肥水供应不足落果更严重。相反，若酌情疏花疏果，可使养分集中提高坐果率。所以，疏花疏果实质上是针对树体营养水平进行保花保果。相反，若在养分少而花果多时不行疏除，果实将来自然"流产"更多。花果疏留原则一般是树冠内膛和中下部应少疏多留，外围和上部应多疏少留；强枝少疏多留，弱枝多疏少留；坐果好的品种少疏多留，坐果差的多疏少留。疏除方法与标准是按枣吊分两次。第一次在 6 月上中旬幼果期初疏，符合少疏多留原则的部位、枝条和品种每枣吊留 2 个幼果，符合多疏少留原则的每枣吊留 1 个果，其余疏除。留果时要选留开花早、发育快、易坐果的顶花果。第二次是在 7 月上中旬生理落果后进行定果，符合少疏多留原则的部位、枝条和品种每枣吊留 1 个果，符合多疏少留原则的每 2 个枣吊留 1 个果。枣头上木质化枣吊养分足而坐果好，每枣吊可留 2～3 个果。

4. 不同年龄阶段修剪 按照第四、第五、第六讲内容修剪，还应掌握以下技术要点。

（1）幼龄树修剪 幼龄枣树是指 15 年生以下发枝和结果不多其树冠正处于整形时期的初结果树。主要任务是培养骨干枝和结果枝组。针对幼龄枣树分枝少和发枝无规律的特点，修剪上应坚持"以截为主，冬夏结合，促发枣头，尽快整形"原则。具体剪法是适当重截和刻伤单轴独伸的骨干枝延长枣头，促发新生枣头培养下一级骨干枝。重截和刻伤后为保证发枝，均需对剪口芽下位和刻伤芽上位的二次枝进行疏除或各留1~2节重截。生长位置与方向不合适的枣头尽量不疏，通过拉枝调整到别处空位加以利用。枣树枝条较硬，单轴加长生长旺，要重视夏剪调控生长角度与方位，摘心和剪梢时，辅养结果枝要明显重于骨干枝，保持主从关系。生长较弱不够定干高度的幼苗，需将主干上分枝全部去除，仅留一个直上中心干，这利于加强中心干生长和促发新生枣头。当主干范围以上分生出健壮枣头后，再选留主枝。为保证幼树主、侧枝尽快成形，幼树主干一般不行开甲，主要靠结果枝摘心拉枝和环刻促进结果。

（2）结果树修剪　枣树结果树主要是指经15年左右的培养已完成整形而进入盛果期的大树。盛果期可维持50年以上，其特点一是分枝量明显增加，树冠大小与形状基本稳定；二是骨干枝比较开张，结果多，品质好，但生长势渐弱，结果枝组弯曲下垂和交叉生长；三是外围枝密挤影响冠内光照，内膛枝干枯造成结果部位外移，枣股衰老，枝组出现局部自然更新现象。修剪重点是保持合理树形结构和优质高产能力，疏除细弱枝、病虫枝、干枯枝和外围密挤的无用枝，改善树冠通风透光条件。培养内膛枝，尽量控制结果外移。回缩下垂长弱枝，更新结果年限过长衰老枝。对衰弱快且成枝力差的品种应重截，促发新枣头强化树势。盛花期通过刻剥措施提高坐果率，幼果期通过疏果提高结果质量。

（3）衰老树修剪　衰老树是指盛果期以后的大树，枝条生长量很小，树势极度衰弱，自然萌发新生枣头的能力降低，树冠内外均有较多的干枯枝组。骨干枝头明显弯曲下垂出现较多焦梢，中下部光秃无枝，但潜伏芽受刺激后可萌发徒长枝。枣股严重老化，抽生枣吊能力显著减弱，花少果小，产量和品质明显下降。修剪重点是全面更新结果枝组，调整改换骨干枝头，重新培养树形，强化树势，延长结果年限。剪法主要是重截和回缩，刺激潜伏芽萌发新枝。一般衰老的完整枝干和枝组均可回缩掉全枝长的 $1/3\sim1/2$，残缺不全的可留基部 $1\sim2$ 个较好分枝加以重缩，位置不适无生活力的可彻底疏除。对回缩后新发枣头及时整理和分别培养，位置与方向较好的可培养为新的主、侧枝，其他可培养成新的结果枝组。对大枝重缩后所留伤口要及时加以修整保护。主干一般不行开甲，以防树势衰弱影响树体更新复壮。

（三）不同品种类型的修剪

枣树品种虽然很多，可分为小枣和大枣两大品系。一般小枣系统品种生长势中等，中前期枝条不太密，枣股上抽生枣吊较少，过去主要靠主干"开甲"促进早果丰产。大枣系统品种生长较旺，中前期枝条较密，枣股上抽生枣吊较多，过去主要靠"扒枝"来保证优质高产。这就是"小枣在甲，大枣在扒"的修剪经验。实际上，在枣树的盛果期，小枣品种在"开甲"同时要注意"扒枝"，大枣品种在"扒枝"的同时要注意"开甲"。所以实际修剪时，"开甲"和"扒枝"两种方法只能相互配合，并不能截然分开，只不过应根据品种类型的生物学特性以某些剪法为主而已。另外，小枣类型品种在树体更新复壮后比大枣类型品种更易发生徒长枝，对这些较多的徒长枝需及时加以整理控制，有目的进行改造培养。

第十一讲
核桃树整形修剪

一、核桃树生长与结果习性

1. 树性　核桃树高大强健，枝叶茂密，根系发达，适应性和自然更新能力强，寿命长，但幼树成形慢。树冠自然生长下较开张，多自然圆头形。树性喜温喜光，怕冻忌荫。树冠中枝条成层分布，干性强，多单轴生长不易分枝。树体不耐寒，未成熟质量差的枝梢常因冻害、抽条而干枯。普通核桃嫁接苗结果早，实生苗结果晚，管理好枝条粗壮时连续结果能力强。萌芽发枝和开花结果有明显顶端优势，但大枝在生长结果过程中常有原头削弱而背下枝强长夺头的"倒拉"现象，顶端优势渐失。大型骨干枝因早期顶端优势多中上部长枝结果，而下部光秃。幼龄实生苗栽植后 1～2 年内主根生长比地上部苗干生长快，苗干多以顶芽萌发向上延伸单轴生长，很少分枝。三年生后地下部水平根和地上部分枝才逐渐增加，生长加快。这叫"先坐下来扎根，后站起来长树"。五年生后地上部树冠垂直生长变慢而横向生长提速，转位"倒拉"更加明显。随分枝增多中心干渐弱，主枝渐强成主要骨架，树冠演变成自然圆头形。但结果不多。15 年生后树冠扩大最快，产量逐步增加，若枝条发育不充实，其顶端可能发生焦梢。20 年生后开始进入盛果期，树冠逐步开张，枝条开始下垂，树势渐弱，但树冠体积仍在继续扩大，冠内光照已显不足，结果部位逐渐外移，焦梢数量增多。40 年生后树冠发生郁闭，通风透光严重恶化，除焦梢数量增多外，部分大枝出现干枯，树冠开始局部更新。大型枝干上潜伏芽多，寿命长，容易萌发成枝，十分利于大老树更新复壮。树体耐修剪，耐更新，一生中经过 3～4 次自然更新后寿命可达 200 年以上。

2. 枝芽特性

（1）枝条的类型与特性

① 发育枝 指仅着生叶芽或雄花芽，在春季发芽后只抽枝而不结果的各种枝条（图 61）。核桃树的发育枝没有叶丛枝，均为生长枝。生长枝又可分为雄花枝、营养枝、细弱枝、延长枝和徒长枝。

雄花枝 长度约 5 厘米，生长短弱，易自行枯死。顶芽为叶芽，侧芽多为雄花芽而不能结果。雄花枝多生于受光不足的树冠内膛和营养条件差的衰老树，是一种消耗性劣质枝条。一株树上雄花枝多，说明树势衰弱，应尽量疏除以减少养分无效消耗。

营养枝与细弱枝 二者长度约 5～50 厘米，营养枝生长粗壮营养充足，细弱枝生长细弱营养欠缺。营养枝是形成结果母枝的基础，修剪时应多留。细

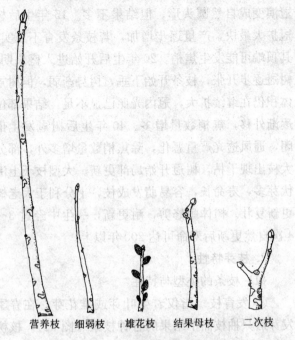

营养枝　　细弱枝　　雄花枝　　结果母枝　　二次枝

图 61　核桃枝条的类型

弱枝为消耗性枝，难以成花结果，应多疏。营养枝在树体营养充足和光照良好的部位较多，一般都能在当年成花下年结果。细弱枝在树体营养欠缺和光照较差的部位着生较多，应多疏少留进行复壮改造。

延长枝与徒长枝　二者长度多在 50 厘米以上。延长枝是树冠骨干枝扩大的基础，修剪时应短截培养。徒长枝是消耗性乱形枝，果农惯叫"娃枝"，一般应疏除，少数留用改造。

②　结果母枝　指着生雌花芽在下年能抽生结

果枝进行开花结果的枝条。多由粗壮发育枝转化而来，雌花芽多着生在顶端及其附近几节上。一般分为短结果母枝、中结果母枝和长结果母枝，其长度分别为5～7厘米、7～15厘米和15厘米以上，多为15～25厘米。小树长枝多，大树短枝多。一般长度在10～20厘米的粗壮中、长结果母枝结果最好。

③ 结果枝 指结果母枝混合雌花芽萌发后当年结果的新梢。一般结果母枝粗壮而雌花芽饱满时，所发结果枝也好，结果质量高，且在当年结果后仍可形成雌花芽下年连续结果。

④ 二次枝 指结果枝在春季开花后其顶部抽生的当年生新梢。二次枝以早果品种抽生较多，晚果品种较少，其长度一般20～50厘米。二次枝粗壮时，当年在顶端可形成雌花芽发展为结果母枝于下年结果。若长而较细，当年成为无花芽的二次发育枝下年发枝长叶。

（2）芽的类型与特性

① 雄花芽 为纯花芽，萌发后只发生一个穗状葇花序而不发梢长叶和结果（图61）。雄花芽呈塔形，是一种鳞片很小而不能裹被芽体的裸芽，一般着生在一年生枝顶芽以下2～10节上，以中下部为主。着生方式有单生和双芽复生。雄花芽过多时消耗养分很大，修剪时应疏除。

② 雌花芽 为混合花芽，萌发后先抽枝展叶后开花结果。雌花芽体形肥大，顶部圆钝，多呈圆

球形和扁圆形，是一种由鳞片紧包的被芽。晚果品种雌花芽多着生在一年生结果母枝顶端及其下 1～3节，一般单生，也有双芽复生。早果品种侧生雌花芽较多，一般 2～5 个，多者可达 10 个以上。雌花芽多在粗壮枝条上形成，由饱满中间芽转化而来。

③ 叶芽　又叫营养芽，萌发后只抽枝长叶不开花结果。叶芽也是由鳞片紧包的被芽，其芽体比同节位的雌花芽要瘦小而尖。叶芽大小与形态常因在枝条上着生位置不同而异，一般发育枝顶端叶芽较大，多呈圆锥形，外围鳞片中部有纵向棱状突起；侧生于叶腋间的叶芽较小，多呈尖圆形。芽体大小变化是在同一枝条上由上向下依次变小，上部大芽萌发后形成的新梢在营养良好时可转化为有雌花芽的结果母枝；中部中等芽萌发后常中途衰退干枯脱落而形成光秃带；下部小芽往往不萌发而成潜伏芽，条件适宜时可萌发新枝代替上部衰老枝。

④ 中间芽　是介于雌花芽和叶芽之间的一种芽。芽体大小与外形类似于雌花芽，只是比同部位雌花芽稍小稍尖，但明显比叶芽大而圆。中间芽也是一种叶芽，萌发后只抽枝长叶而不开花结果。所以中间芽实际上是一种质量较好正在向雌花芽过渡的一种饱满叶芽，稍加营养管理就会转化为雌花芽抽枝结果。中间芽分布位置大体与雌花芽相同，多在枝条顶部。

⑤ 潜伏芽　是一种长期处于潜伏状态而一般

情况不萌发的叶芽。芽体扁圆而小，多着生在枝条中下部。下部多单生、中部多复生，普通发育枝有2~5个，徒长枝 6 个以上。潜伏芽随着枝条长大加粗而埋藏于多年生枝干树皮中，寿命可长达几十年到百年以上。

3. 生长结果习性 核桃树在一年中一般只发生一次新梢而没副梢，仅偶尔有极少数结果枝于春季开花后在顶部抽生副梢形成二次枝。多数一年生枝在较弱时只形成叶芽和雄花芽，粗壮时在枝条顶部形成几个雌花芽。春季叶芽发枝长叶，雌花芽发枝结果，雄花芽则抽生穗状柔荑花序，完成开花传粉后脱落。核桃树萌芽率低、成枝力弱和顶端优势强，好枝多在枝条上部，中部芽虽可萌发但往往中途衰退枯落，而下部芽多潜伏不萌发则形成光腿带。这一特性使树冠形成明显层次结构，并为以后大老枝更新提供条件。一年生枝条中心髓部较大且松软容易失水和受冻，顶部易干枯而形成焦梢。焦梢下部芽可萌发新枝代替生长。

二、核桃树整形修剪技术

（一）树冠整形

1. 丰产树形确定 根据核桃树高大强健和开张分层喜光等特点，在管理比较精细的情况下可采用分层开心形和挺身形。在管理比较粗放的情况下可采用自然圆头形。

2. 整形技术要点　按照第四讲内容整枝修剪，还应握好以下技术要点。

（1）定干高度要适宜　定干高度主要应考虑主干高度，干高应根据生产目的与栽培方式而定。一般说，以生产果实为主的核桃园应用低干整形，定干高度 1.2～1.5 米。以生产木材为主的核桃林应用高干整形，定干高度 2.5～3.0 米。以果材兼顾且在树下还要间作其他作物的应采用中干整形，定干高度 1.5～2.5 米。从果实生产上说，主干较低时树冠大，长势强，分枝快，结果早，产量高。定干过高时树冠小，长势弱，生长慢，结果晚，产量低。

（2）树体结构要加大　无论按何种树形整形，其树冠体积和主、侧枝间距应根据品种特性与栽植株行距，应比第四讲丰产树形中所阐述的树体结构标准加大一倍左右。否则核桃树五年后随着生长加快枝叶会严重密挤，影响通风透光。特别是第一侧枝与中心干距离，晚果品种应在 70 厘米以上，以防形成"把门侧"。下部第一层主枝整形带的宽度要保持 50～70 厘米，一定要避免邻接排列，以防中心干生长势力削弱而形成"卡脖"现象。

（3）骨干枝培养要灵活　幼龄期发枝少，这给树冠整形带来困难。因而目标树形可因地因树灵活选用，中心干和主、侧枝培养不可死搬硬套。酌情用好"以主代侧""以侧代主"和"背上强旺枝换头"等技术，处理好"按形整枝"与"随枝作形"

辩证互补关系。

(4) 幼树整形要促分枝 核桃幼树枝性直顺，萌芽少，成枝弱，多呈单轴延伸分枝较少，这不利于骨干枝选留培养。修剪上应尽可能促进分枝，加速树冠整形。促进分枝方法应根据枝条生长势强弱来决定。一般长势强的可在夏季对新梢留 60～80 厘米进行摘心或短截，也可对部位合适的芽通过刻伤促发成枝。长势弱的不要短截，而应利用顶部的饱满芽萌发长枝来增加枝量。因为弱枝中心髓部大，组织不充实，剪截后枝条伤口愈合慢，容易失水干枯。位置不合适的直立强旺枝应拉枝和摘心，促进中下部萌发中短枝培养结果枝组。

(5) 及早控制背下枝竞争夺头 核桃树冠发展的明显特点是，其主、侧枝和辅养枝上的背下枝在自然生长状态下很容易转旺，从而削弱甚至超过原头的生长势力，因而应对其早加控制以防形成"倒拉"现象而扰乱骨干枝正常培养，以保持树冠平衡发展和通风透光。

(二)修剪技术

1. 修剪时期及任务 核桃树的修剪时期与其他果树不同。从物候期上说，修剪作业一般不在落叶后至发芽前的休眠期进行，也不在果实生长期进行，而是在早春萌芽后至盛花期的生长初期和果实成熟采收后至叶片变黄脱落前的生长末期这两个时期进行。因为核桃树在休眠期修剪，伤口不易愈合而且还往往发生"伤流",使大量养分和水分损失,造成树势衰弱甚至枝条枯死。伤流发生的重轻规律一般是大枝重,小枝轻;高温多雨期重,低温少雨期轻。果实生长期修剪虽然不一定有伤流发生,但大量的成龄高能叶减少和果实受损伤,影响光合物质积累,对结果和花芽分化不利。所以,从季节上说,核桃树只进行春、秋剪,而不进行冬、夏剪。一般说,春剪损失养分较多,有利于缓和树势,促进成花结果;秋剪积累营养较多,有利于增强树势,提高芽子的发育质量,促进下一年发枝长叶和优质结果。因此,幼旺树多春剪,结果大树多秋剪。也可酌情以某一时期修剪为主,同时配合另一时期修剪。

2. 结果枝组培养与修剪 按照第四讲"结果枝组培养与修剪"内容修剪,还应掌握以下技术要点。

(1)结果枝组培养 单轴直线延伸的枝组容易发生上强下弱,最好培养成多轴曲线延伸的多杈型枝组。培养方法有"先放后缩""先截后放再缩"和"先控后放再缩"三种。一般弱枝用先放后缩法,壮枝用先截后放再缩法,旺枝用先控后放再缩法。无论哪种方法,最后都应把枝组培养成紧凑多杈型,且长势中庸均衡。枝组姿势以背斜、两侧枝为好,背上枝也可利用,但一般不留背下枝。因背下枝生长容易转旺与母枝原头发生竞争。枝组分布做到大、中、小各种枝组相间分布,同侧的大型枝组间距 80～100 厘米,中型枝组 60～70 厘米,小型枝组酌情插空培养。注意骨干枝中下部多培养，"光腿"带用刻伤法促进发枝，以防结果部位外移。

（2）结果枝组修剪 结果枝组培养好后，每年还要注意修剪管理。内容包括回缩长垂交叉枝，疏除密挤雄花枝，挖心老弱三杈枝，控制直旺徒长枝，更新超龄老弱枝，平衡结果发育枝。使结果枝组大小合适，组型合理，通风透光，结果优质，生长健壮，耐载长寿。

3. 不同年龄阶段的修剪 按照第四、第五、第六讲内容修剪，并掌握好以下技术特点。

（1）幼龄树修剪 核桃幼龄树是指 15 年生以下处于整形时期的未结果和初结果树。幼龄树一般生长较旺，新梢年生长量可长达 30～50 厘米甚至以上，主要任务是培养合理牢固的骨干枝和分布有序的结果枝组，使树冠尽快成形结果。骨干枝延长头应在中上部饱满芽处短截，以促生壮枝保持骨干枝生长优势。培养枝组要尽量多留枝、促分枝加缓放不剪，促发中短枝开花结果。为防止出现"树上长树"和"背下枝竞争夺头"等乱形乱层现象干扰骨干枝和枝组发展，要及时摘心、剪截、拉枝，控制改造背上直旺枝和背下重叠外伸竞争枝。对中心干层间的辅养枝可通过摘心和剪截方法促其多分枝，培养成多杈式大中型结果枝组。

（2）结果树修剪 结果树主要是指 15 年生以上树冠基本成形且开始大量结果的盛果期大树。特征是新梢年生长量明显缩短，多为 10～20 厘米；结果能力迅速提高，丰产时期大约可持续 30～50年。加强肥水管理和整形修剪，丰产期还能再延长，有的经多次适时更新后可达百年以上。树冠外围枝易密挤，内膛枝易干枯，结果部位外移快，果实产量质量均受影响。修剪任务主要是清除乱枝，理顺骨干枝与结果枝组的从属关系和层次结构，改善树冠光照，控制结果部位外移，保证优质高产。按要求培养修剪和更新结果枝组，处理交叉枝、三杈枝、重叠枝、并生枝、直立枝和徒长枝等不规则枝条，回缩缓放多年的辅养枝、竞争夺头的背下枝和细长下垂的衰弱枝，疏除雄花枝、密乱枝、病虫枝和枯枝焦梢。

（3）衰老树修剪　衰老树是指经盛果期以后树势明显衰退的高龄树。其特点是树冠中大量出现枯枝焦梢，多数骨干枝衰弱无力，枝组中密生雄花枝，结果能力显著下降。核桃树开始衰老的年龄时期因肥水管理与修剪水平不同而异，一般在 40～60 年生后。核桃树潜伏芽多，寿命长，容易萌发新枝，修剪上可利用这个特性通过回缩进行树冠更新。树冠更新分为大更新和小更新，大更新是指在骨干枝中下部留分枝回缩，小更新是指在骨干枝中上部留分枝回缩。果农把更新修剪叫"务树"，大更新叫"大务"，小更新叫"小务"。无论"大务""小务"，都应在回缩老枝前事先培养好更新接班预备枝。当预备枝生长强于老枝原头时，再将原老枝头回缩。为促进更新预备枝尽快生长，也可对老枝头在靠近预备枝处刻伤或环缢。这样，培养目标明确有利于回缩伤口愈合，更新效果好。一般说，"大务"修剪量较重，树势恢复慢，对树体产量影响较大，用得较少。"小务"修剪量轻，树势恢复快，对树体产量影响较小，用得较多。如果主枝较多且强弱明显不同时，也可采取"大务""小务"结合的方法，将位置不太合适的弱枝采取"大务"彻底去除更新，而将位置较好的强枝在中上部进行"小务"去除衰弱的枝头即可。这样，可通过减少骨干枝数量促使所留主枝快速生长。如果更新预备枝不易培养时，也可选留较好的"辫子枝"进行回缩。无论新培养"预备枝"还是原有"辫子枝"作为新的当头枝，若其粗度与被缩枝粗度差异较大时都应留一段保护橛回缩，而且要保护好回缩后所留伤口。一般说，新当头枝粗度小于被缩枝粗度 1/5 时，应留保护橛回缩；大于 1/5 时则可在新当头枝近基部处一次锯掉（图 62）。

1. 新头粗不留橛　　2. 新头细要留橛

图 62　核桃树骨干枝回缩方法

(三) 主要品种类型的修剪

核桃树品种类型可分为晚实乔化类和早实矮化类两大品系。晚实乔化类树冠高大，树势强健，枝条生长旺，成花难，开始结果年龄晚，但树体抗性强，适应性好，对土肥水管理要求低，大老树衰弱慢，结果寿命长。树冠整形应用中大型树体结构，骨干枝开角应稍大些，维持 60°～80°，以控制树势促进枝条早成花多结果。枝组培养方法应多短截、摘心和刻芽，促枝条多发枝发好枝，以免骨干枝中下部发生"光腿"现象，从而影响树体实膛结果。

早实矮化类核桃树树冠相对矮小，树势缓和，枝条生长弱，易成花，开始结果年龄较早，但树体抗性弱，适应性差，对土肥水管理要求高，大老树衰弱快，结果寿命短。所以，树冠整形应用中小型树冠结构，主要骨干枝一定要培养好，其开张角度应稍小些，维持 50°～70°，以尽量强化树势，保障骨干枝健壮生长。结果枝组培养方法应在一年生枝的饱满芽处多用短截技术，以促发较长粗壮枝成花结果，并注意疏除过早过多花果，控制树体产量，保障发育枝正常形成和强势生长，防止树势早衰和各种自然灾害干扰而缩短结果寿命。